震盪效應

The Jolt Effect

戰勝客戶猶豫•快速成交！

How High Performers Overcome Customer Indecision

馬修·迪克森（Matthew Dixon）&
泰德·麥肯納（Ted McKenna）著
戴榕儀　譯

馬修想謝謝妻子艾咪和孩子艾登、伊森、諾拉、克蘿拉。大家都覺得他這麼無法做決定的人，竟然寫了一本如何戰勝猶豫的書，實在是超諷刺又好笑！

泰德想謝謝妻子艾莉森和孩子威爾、愛拉給他的愛與支持。「現在書寫出來了，如果有人問我是做什麼的，你們就比較好回答啦！」

目錄

讓你抱怨、焦慮的負擔，
讓你發怒、氣惱的困難，
都是對於未來的操煩。

——喬治．貝恩（George W. Bain）

【作者序】站在歷史的轉捩點

如果要說有哪一份研究，讓所有從事銷售研究的人都稱羨推崇，那大概就是尼爾・瑞克門（Neil Rackham）教授和他旗下團隊的開創性作品《銷售巨人》（*SPIN Selling*）了[1]。他們耗時十二年才完成書中的研究，總共觀察了三萬五千次銷售談話，並評估一百一十六項不同因素對銷售成績可能的影響，成本更超過一百萬美元（等同於現在的兩百三十萬）。三十多年來，這本書一直是銷售研究圈的最高指南，觸及範圍既深且廣，而且所需資源浩繁，根本就沒有人敢去想該如何複製，更不用說是要超越了。

困難之處其實並不在於研究的談話次數或變因數量太多。有鑑於大數據分析、機器學習和圖形處理器性能的進步，就算要研究的資料集和影響因子**遠多於**瑞克門的團隊，都不是問題。真正的難處在於許多銷售談話都是發生在客戶的辦公室——尤其是最重要的那些。因此，要想收集資料，就必須旅行世界各地，實際參加銷售會議並觀察狀況。這樣的研究耗時、耗財、耗資源，結果又很難預測，所以沒有什麼組織願意出資贊助。

不過二〇二〇年春天出現了一個出人意料的有趣現象：全球因Covid-19疫情封城之際，所有銷售作業幾乎都在一夕之間從實體變成虛擬。

對於從事銷售研究的我們來說，這可是千載難逢的好機會。

我們的研究團隊和幾十間企業合作，透過Zoom、Teams和Webex的錄製功能，以及世界各地的公司使用的數十種客製化錄音平台，收集到**數百萬次**銷售談話，再用自動語音辨識技術，把錄製內容中的非結構化音訊轉換成非結構化文字，然後借助智慧型對話分析公司Tethr的機器學習平台，將資料結構化，在這些銷售通話中標記出八千三百個不重複的因素，最後計算出哪些因素有助提升銷售表現，哪些則沒有幫助。

沒想到分析出來的結果，完全超乎我們的想像。

【前言】卡關

長久以來，銷售訓練和相關書籍關注的焦點，都是「如何戰勝客戶現況」。

會聚焦於客戶現況是很正常的，畢竟「現況」是可畏的敵人，常讓業務敗下陣來。人類有種根深柢固的偏見——喜歡維持現況，我們也都知道，即使證據已清楚擺在眼前，證明新的方法會有幫助，客戶仍經常忽略這些機會。

所以，企業為了協助業務擊敗客戶改變現況，自然會花上無數的時間與經費，提供銷售訓練、教育輔導和幫助員工發揮最佳表現的一切資源。銷售團隊為業務提供更好的行銷腳本、更縝密的價值主張、客戶個案研究、相關評論、使用心得、證據資料、投資報酬率計算工具和面臨抗拒時的處理技巧，全都是為了幫助客戶做出困難的決定，說服他們接受提議，不再堅持原本的方法。

當然啦，說到如何辦到這點，許多人有不同的看法，有些人認為重點是營造信任，也有人認為應著重分析客戶需求。事實上，我們十多年前就曾在《挑戰顧客，就能成交》（*The Challenger Sale*）一書裡探討過這個問題。在當時的研究中，我們發現成績最好的業務（在書中稱為「主動挑戰型」業務）會提出激發客戶思考的顛覆性見解，改變他們對於賺錢、省錢或如何降低風險的觀念。這些厲害的業務知道，要想讓客戶邁出步伐，關鍵在於確保他們瞭解「改變固然不容易，但拒絕改變的代價更大。」

不過本書談的並不是這個。

這本書要探討的是當今業務面臨的新問題，更加棘手，而且乍看之下似乎不可能解決：如果客戶也同意不能再繼續維持現況，同意只有你的方案能幫他們達成目標，而且採購委員會的成員也都認同……但你卻**還是**拿不下這筆生意，那該怎麼辦？

這種情況可能比你想像的更常見。

本書的研究發現，當今有四到六成的交易最後都卡在「缺乏決定」的不明狀態，而且我們必須澄清，業務處理這些銷售案件時，都已**跑完了整**

個銷售流程，耗用了寶貴的時間和企業資源，甚至可能已進行長時間的試行計劃或概念驗證，最後卻還是差臨門一腳。

已經克服客戶現況，以獨特優勢贏過競爭對手，客戶也確實**有說**想用賣方的方案……但最後卻**還是**沒買，在這種情況下，業務該怎麼辦？如果客戶不行動，導致辛苦談來的生意無疾而終，最後簽不成字，只得到對方的一句「還要再想想」，那銷售人員會用什麼招數來應對？

我們的研究顯示，在這種情況下，業務往往會根據多年的訓練做出回應。

客戶裹足不前、臨陣退縮時，銷售人員常會追溯到一切的開端，認為一定是自己沒能勝過現況：或許客戶還不夠瞭解方案能解決的問題，也或許是覺得服務內容和同業競爭者並沒有太大差別。因此，業務會使出渾身解數，說明方案有多少好處，能為客戶帶來成功，到了緊要關頭，還會祭出FUD說服術（fear恐懼、uncertainty不確定、doubt懷疑），利用客戶害怕錯過的心態。他們會說現在如果不買，會有多少損失，企圖讓客戶覺得火燒屁股，非得捨棄現況不可。

但我們的研究結果清楚顯示：上述的方法都沒有用。這些銷售技巧雖然由來已久，從老闆傳授給經理，經理再教給旗下的業務，但其實非但**無效**，還可能在遊說客戶做決定時，造成**反效果**。

不過這是為什麼呢？

我們的研究團隊投入一年多的時間，就是為了回答這個問題。過程中也出現了很令我們意外的發現。銷售人員向來被灌輸「現況是最大敵人」（甚至是唯一敵人）的觀念，但事實並非如此。研究顯示，因客戶不行動而敗陣，最後沒能簽下訂單的可能原因有**兩個**，輸給現況只是其中之一，而且還是比較輕微的原因。客戶偏好現況的確是一大障礙，業務不論想賣什麼，肯定都得克服；不過即使贏過現況，也還有第二道更具挑戰性的關卡：客戶本身無法做決定。

對業務來說，客戶猶豫為什麼會是如此巨大的威脅呢？

首先，不論客戶對現況有何偏好，這對他們的影響都比不上猶豫不決的心態。偏好現況是多項人類認知偏誤的結果，簡單來說，會使客戶不想改變；反觀猶豫不決則是源自「不作為偏誤」（omission bias），是另一種的心理效應，會使客戶想避免犯錯。以這兩種因素而言，不作為偏誤是業務較難克服的障礙。從統計數據來看，在因客戶不行動而告吹的交易中，猶豫不決造成的案例，確實比偏好現況來得多。由此可見，比起擔心**錯過機會**，客戶更怕**做錯決定**。

第二個原因是業務很難察覺客戶猶豫。雖然客戶往往能直言不諱地說出他們偏好現況，覺得目前的做法完全沒問題，也看不出供應商的方案有哪裡比較好，但在猶豫不決時，卻沒辦法這麼坦然，畢竟問題是源自內心深處的個人恐懼，大家不會想和業務攤開來談，事實上，他們經常根本沒意識到自己陷入無法決斷的困境。不過，研究資料卻顯示這很常見，在將近87%的商機之中，客戶都有中度或高度猶豫不決的狀況，而且會造成惡性影響：客戶越猶豫，業務的銷售成功率也就越低落。

第三，由於購買環境改變，導致客戶猶豫的因子也跟著增強。客戶偏好現況是長期以來始終存在的巨大銷售障礙，並沒有隨時間變得更難克服，也沒有比以前容易處理。和二十年前相比，現在的客戶一樣喜歡維持現狀，二十年後大概也差不多。但造成客戶猶豫的是另一組心理因素，會受我們無法控制的環境因子影響。隨著選擇變多，能用來鑽研這些選擇的資訊增加，而且採用供應商服務的費用與風險上升，客戶也越來越容易遲疑，到頭來什麼也不做。

猶豫不決之所以對現今的業務構成這麼大的挑戰，最後一個原因可能最令人擔憂：造成問題的人就是業務自己，只是他們不自知。

傳統觀點認為現況是業務最大的競爭者，所以他們往往只帶著「打敗現況」的攻略就上戰場，但想戰勝客戶猶豫，必須使用截然**不同**的方法。打敗現況的重點戰術是**激起**害怕**不買**會錯過的心理；但如果要幫助客戶克服猶豫，則必須**緩解**他們害怕**買錯**的恐懼。

我們的研究顯示，推銷時用錯攻略，可能會帶來嚴重的反效果。如果客戶其實是無法決定，業務卻用了打擊現況的招數，那對方只會**更加**猶豫，導致交易更有可能卡關，最後胎死腹中。業務如果受過傳統訓練，相信真正的敵人只有「現況」一個，那麼很容易就會把戰術不分青紅皂白的套用在所有猶豫的客戶身上——好像一支鐵鎚就能打遍天下所有釘子似的。

既然沒人教過怎麼處理，那麼業務該如何揪出並擊敗「猶豫」這個敵人呢？

在本書中，我們採取的方法和以往相同：分析頂尖業務已經悟出的道理。多年來的研究顯示，即使沒有教戰守則，最強的業務也總能掌握訣竅，找出新方法來解決系統性問題。他們善於適應新的挑戰，克服眼前任何狀況，研究人員常把這樣的現象稱為「領頭羊效應」（lead steer effect）：羊群中的領袖看見新的障礙與機會後改變方向，接著其他的羊也會跟上。所以，如果想預估未來趨勢，看看現在的領袖怎麼做就對了。

瑞克門在他影響深遠的著作《銷售巨人》中，說明頂尖業務是如何找到方法，推銷相對複雜的方案，反觀銷售團隊則要到多年後，才開始為業務提供販售這種方案的訓練。在《挑戰顧客，就能成交》中，我們探討過傑出業務是如何處理近年越來越嚴重的一個問題：客戶自行研究資訊，很晚才找業務，使賣方被迫加入價格競爭；此外，客戶在做購買決策時，也越來越喜歡請許多相關部門的同仁一起斟酌考慮，讓當今的銷售員難以招架。在該書中，我們同樣分享了研究結果，分析一流業務是如何化解這個難題。

所以囉，說出來大家可能也不會太訝異：頂尖業務在沒有人教的情況下，自行研擬出了克服客戶猶豫不決的攻略，在這個關鍵領域致勝。

我們的團隊在首創性的研究中，透過機器學習技術，分析了跨產業的數百萬次銷售對話，最後根據明星業務處理並克服客戶猶豫的**四種獨特行為**，歸納出一套新的攻略——這並不是因為頂尖業務天生比人強，能把一般銷售技巧執行得比別人好。事實上，他們有許多行為，都恰好和銷售導師多年來教導、強調的「打破現況」戰術相反。

我們把這些行為集結成專為戰勝客戶猶豫打造的教戰守則，稱為「JOLT方法」。

對銷售主管、經理和業務而言，客戶無法做決定都是很值得花心力解決的問題。想辦法消除客戶猶豫，接軌「心裡想要」和「實際執行」之間的斷層，是表現平平的企業反敗為勝的大好機會，這麼說絕對不是誇大。

在本書中，我們會分享客戶猶豫對於銷售有何影響的研究，從社會科學的角度，分析用現況戰術對抗猶豫為何會造成反效果，並列舉業務在市場上可能會遇到哪些猶豫「風格」，說明頂尖業務面對各種風格（狀況）時可以透過哪些行為化解，並教你把JOLT方法導入自己的銷售團隊。

希望你會繼續讀下去，並且和我們一樣，在對研究結果感到訝異之餘從中得到鼓勵。最重要的是，希望你能走出全新的路，達成超乎你過往預期的優異銷售成績。

第一章　不作為悖論

有時候，最小的事件往往能以最超乎預期的方式，徹底改變最大的計劃。

這是我們的親身經驗。

研究初期，機器學習平台產生了源源不絕的資料，但我們還不太能梳理出其中的意義。就在那時，我們獲邀參加一場銷售漏斗檢討會議，會場上的業務主管我們認識多年，對她在銷售方面的直覺也非常敬佩。當年她賣大型電腦和網路設備起家，現在手上管理的銷售團隊，已經是雲端運算產業中最大、最成功的龍頭之一了。

那場檢討會議一開始的氣氛還算平靜，但後來奇怪的事情卻發生了。一位很有經驗、前兩季都預估能簽下一大筆生意的業務，但卻一再錯失機會，沒有建樹，於是在會上慘遭拷問。那位業務似乎沒做錯什麼：他讓客戶看見使用賣方服務才能帶來的機會，協助客戶確認概念可行，也說服了買方組織的技術型使用者；此外，他成功證明方案的投資報酬率，並強調賣方獨特的競爭優勢和價值主張，說服了原本半信半疑的採購委員會，客戶也說準備好要進行下一步了。

但後來，這筆生意卻突然停滯不前，從幾週拖成幾個月，然後又再拖成好幾季，客戶原本經常和業務聯絡，談話內容扎實，最後回應卻變得十分短促，往往要在信件寄出的好幾天後才會有回音。在那位業務收到的最後一封信裡，客戶表示：「公司的優先事項有變，我們明年再繼續談這件事可能比較適合。」原本明明勝券在握，現在卻眼見就要因為客戶不行動而敗下陣來，所以在那場銷售漏斗檢討會議上，大家便開始討論是要毅然割捨、直接放棄，還是繼續投入時間與資源。

這時，業務主管問了一個出乎所有人意料的問題。

「你覺得客戶是真的很想維持現況嗎，又或者他們只是無法下定決心改變而已？」她這麼問。

「我好像聽不太懂，」那位業務回答，「這兩件事有差嗎？」

「其實差很多喔。」她說。

就這樣，她這番話為我們的研究賦予了全新的意義。會議結束後，團隊成員開始仔細審視資料，想驗證她的論點是否正確。

第一次瀏覽資料時，團隊就很清楚地發現，在我們收集的銷售通話中，有個出乎意料的奇怪現象，是我們在參加那場銷售漏斗檢討會議前，根本沒想過要注意的：**很多客戶已經說要下單，最後卻沒有實際購買，導致銷售失敗**。

業務戰場上的真正敵人

用**怎樣的方式**賣東西最好，每個人有各自的看法，也常有許多不同意見，但有一件事所有人肯定都同意：客戶現況是所有業務的最大敵人。

雖然為數眾多的其他廠商及供應商也是業務的競爭對手，但這些都遠比不上客戶想要維持現況、打從心底不想改變的心態。因此，銷售團隊往往會投入大量時間與資源，教導業務如何戰勝客戶現況。幾乎所有的銷售訓練、一對一指導和對業務的士氣喊話，都是以此為重點，所有的銷售素材也都是專為擊敗這個敵人而打造，從傳遞給客戶的訊息、個案研究，到舉例佐證和投資報酬率計算等等，全都不例外。全世界幾乎所有的銷售團隊，都把擊敗客戶現況視為最重要的使命，這麼說可不是在誇大。

所以你可能會認為，生意最後如果談得不了了之，因為客戶不行動而以失敗告終，唯一合理的解釋就是業務輸給了現況的拉力，沒能說服客戶改變。會這麼想是很正常的。

但我們的研究卻顯示不同的結果。

團隊檢視了研究中標示為「客戶不決定」的失敗銷售案件後，得到的發現和業務向來被灌輸的觀念截然不同。客戶偏好現況固然是一大障礙，但並不是銷售告吹的**唯一**因素。事實上，我們發現另一個原因在於：客戶本身無法做決定，簡單來說，就是**客戶猶豫**（見圖1.1）。

但更令人訝異的是，就這兩個因素而言，客戶猶豫造成的失敗案件，比不願改變現況來得**更多**。以我們研究的通話而言，在因為客戶不行動而沒談成的案子中，只有44%是起因於買方偏好現況——可能是不認為當前的狀況差到必須改變，也可能是覺得賣方的方案也沒多好；但在56%的情

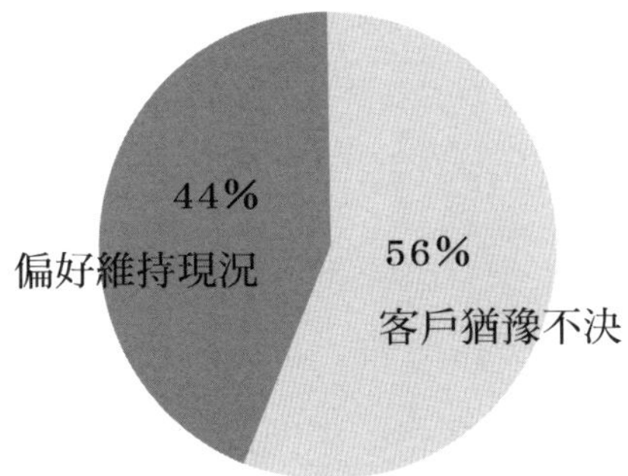

圖1.1　客戶不行動導致銷售失敗的成因分析

況下，客戶都表示想一改現況，用賣方的方案開創新局，卻又出於各種原因，不願意或無法下定決心實際投入（詳見「研究執行方式」區塊）。

業務如果一直被灌輸「現況是最大敵人」的觀念，現在卻發現客戶不行動造成的失敗案件中，只有**不到一半**是現況使然，大概會覺得很震驚又困擾。讀者一定會想問：既然是這樣，那該如何解決客戶猶豫的問題？在此先預告，這就是本書要談的重點，不過，我們必須先探討客戶猶豫和偏好現況根本上有何差異，才能瞭解消除猶豫的重要性。

研究執行方式

為了深入瞭解頂尖業務如何因應客戶猶豫，我們與智慧型對話分析軟體公司Tethr的團隊合作，結合自動語音辨識、自然語言處理和機器學習技術，研究了兩百五十多萬通銷售電話，來源是數個產業的幾十間企業，內容有些是單純的交易性銷售（多半是客戶自己找上門），也有些是複雜的解決方案銷售（大都是由業務主動出擊）。大家可能很難想像兩百五十萬通銷售電話到底是怎麼分析，所以我們想簡單說明一下研究的執行方式。

我們和參與研究的公司合作，錄下銷售通話，收集大量資料樣本。有些公司是用Zoom、Teams和Webex等平台錄音，也有些是經營較傳統的銷售服務中心（也就是內部業務團隊），所以採用其他平台集中錄音。無論是以什麼格式錄製，我們一律會用轉錄引擎，把這些公司寄來的無結構音檔轉換成無結構文字，再執行資料結構化，用機器學習平台辨識出通話中的某些行為、動作或「事件」是在什麼時間點、在怎樣的情況下發生。我們訓練平台判定各種情境，譬如客戶對價格表達疑慮、業務正在研判客戶需求等等，總共針對幾百個這類的概念，對機器進行了辨識訓練。

在無結構文字中辨識差異細微的概念，是很複雜的作業。假設有個客戶對供應商的價格有疑慮或不接受好了，仔細想想，要表達「我覺得太貴」這件事，大概有**幾百種**不同說法，所以重點在於訓練機器辨識**可能**用來傳遞出這個想法的所有說法、詞語和表達方式，並分辨這些詞句在什麼時候反映的確實是對價格的疑慮（譬如「對我這種窮人來說太貴了啦！」），什麼時候則不是（像是「拜託，你自己還不是一樣！」）。多年來，Tethr的團隊一直在提升機器學習平台使用的訓練資料集，希望能產出準確度極高的結果，盡可能減少假陽性的誤報狀況（也就是機器顯示偵測到某個概念，但其實偵測到的資料並不是真的能代表這個概念），以及假陰性的漏報數量（沒能訓練機器偵測某個用來表達特定概念的說法，導致機器偵測不到這個概念）。如果沒能確保訓練集品質，會造成「進垃圾，出垃圾」的問題：用於分析作業的基礎資料已不可靠，得出的結論當然也會有瑕疵。在我們研究的銷售通話中，機器只要發現和研究主題相關的事件，就會標記是何時、在談話中的什麼地方發生；此外，我們也將變數的「序列」（也就是變數組合）納入考量，並加入幾個實質變數（譬如業務的說話時長、安靜時長、插嘴、在客戶發言時同時說話等等[1]），這樣一來，就能在模型中把每一項都當成自變數來研究。

參與研究的公司也有為我們提供每通電話的「結果」變數（也就是最後有沒有成交），以及負責業務的表現評等（和其他同事相比）。如果是賣複雜解決方案的企業，銷售流程往往較長，並且會涉及好幾次通話，所以我們會拉長收集資料的時間範圍，確保整個銷售週期都涵蓋在內，並適度調整該範圍的起始和結束時間，盡可能地完整收集資料。

透過上述做法，我們建置出巨大的迴歸模型，能相當準確地判斷銷售通話中究竟發生了什麼事，為什麼會造成我們想研究的現象。這個模型共針對八千三百多個自變數計算偏相關係數，應變數皆為「成交」。事實證明，最終的模型在超過85%的情況下，都能精確預測出結果。建置完成後，我們就開始測試模型，用來分析包含大約兩百五十萬通銷售電話的龐大資料集了。

現況的拉力

從銷售漏斗檢討會議的故事來看，業務可能覺得輸給現況和輸給客戶猶豫是同一件事，畢竟結果都是客戶不行動，所以可能不易分辨兩者的差別，不過我們的研究和數十年來的社會科學資料都清楚顯示，這兩件事其實完全不同，而且如果誤以為一樣，業務可能會付出慘重代價。

所謂「現況偏誤」（status quo bias），簡單來說就是希望目前的情況不要改變。認知心理學和行為經濟學領域數十年來的研究，以及業務在全球各產業與市場的經驗都在在顯示，這樣的偏誤會使人極度停滯不前。事實上，研究發現即使眼前的方案效果明顯較好，轉換成本也不高，大家仍會選擇維持現況。舉例來說，在一九八〇年代末期，經濟學家威廉・薩繆爾森（William Samuelson）和理查・澤克豪澤（Richard Zeckhauser）進行了一系列的實驗，研究哈佛大學職員選擇健保方案的方式，並發現即使新方案遠優於從前，自付額和保費也比較划算，年資較久的職員還是傾向維持原有方案，相較之下，選擇較優方案的新進員工比例則比較高[2]。

之所以會如此，原因有幾個，但主要是因為改變得花力氣。人類偏偏天生就是懶——這對於以**販賣**改變為業的業務人員來說，更是天大的壞消息。生物醫學生理學和人體動力學界數十年來的研究顯示，「省力原則」是所有動物根深柢固的本能，人類也不例外，只要情況允許，不管做什麼事，我們往往會選擇阻力最小的道路，減少能量消耗。生理學家潔西卡・塞林格（Jessica Selinger）和她的團隊發表過一篇很棒的研究，受試者腿上裝了不便行走的支架後，神經系統會反射性地調整走路姿勢，把熱量消耗和費力程度降到最低，而且受試者自己完全沒意識到[3]。換句話說，人類根本連想都不用想，就會自動去找阻力最小的方法，可見要使人改變是多麼困難。

如果之前就放棄過較好的方案，現況拉力會更明顯。在這種情況下，即使從客觀角度來看，眼前的選項優於現況，人也會變得更不可能改變，這就是行為經濟學家所說的「慣性不作為」（inaction inertia），房仲常會遇到這種狀況。買方如果找到了夢想之家，但最後選擇不買或沒買到，之後對其他房子的看法都會因而受到影響，就算這些房子的客觀條件優於買方目前的住處也不例外。

業務對這樣的現況偏誤大概都十分熟悉，也常在客戶身上觀察到。在我們的研究中，就有無數客戶因為不想改變，最後選擇不買。具體而言，我們發現這類客戶可分成三種，第一種是真的認為當前的做法比較好，譬如有一位客戶就表示：「這個方案似乎不錯，但坦白說，我們對目前的廠商一直很滿意。」還有一位客戶則說為了建置現有的自家方案，已經投資了很多：「我們為了開發內部工具，投入了非常多的資源。你們的方案的確有許多我們缺少的功能，但如果要把做出來的東西全都棄置不用，上頭的人肯定不會開心。」

第二類客戶則認為賣方的服務不夠有說服力，所以偏好維持現況。其中有一位客戶十分直接：「你們的方案和我們現在用的軟體好像沒差多少。」其他人則比較客氣，但也很清楚地表示他們不會購入業務推銷的服務：「真的很謝謝你花時間在我們身上，你們的服務感覺很不錯，只是要換供應商實在不容易。不過你在產品規劃方面的想法很棒，我們可以保持聯絡。」

最後一類客戶同意現況並不理想，也認為賣方推銷的方案好上許多，但仍因為擔心改變牽涉到的層面，而決定延用現有做法。有一位客戶這麼說道：「如果你可以魔杖一揮，讓我們瞬間改用你們的平台，那效果一定很好，就像灌籃一樣精彩。」另一位則擔心部門人手不足，在補足人力以前，執行賣方建議的計劃可能會是很大的挑戰。還有一名客戶背負先前失敗的「包袱」，因為之前聽信供應商的話，結果實際執行的時間長達原本說的兩倍，所以對於相似計劃的觀感就受了影響。他坦然承認這並不公平，但公司仍會因而固執地堅守現況：「就以往的經驗而言，廠商跟我們說的都不準，這種事最後至少會花兩倍的時間，但也有可能是我們自己的問題啦。我知道拿這個理由來拒絕你不公平，但只要提到這類的導入計劃，公司就是會有點懷疑。」

客戶偏好現況是業務很難處理的棘手問題沒錯，但這並不是客戶不行動，導致生意無疾而終的主要原因。我們的研究顯示，最大的因素其實是客戶自己無法或不願做決定。在研究中，我們發現即使客戶已表示想捨棄現況，最後仍有超過一半的人會選擇不行動，導致商機石沉大海。但客戶明明已經**被說服**，願意改變現況，最後為什麼卻**還是會**猶豫不決，沒辦法實際作為呢？

原因就是出自於「不作為偏誤」這種心理現象。

沒有人喜歡輸

造成不作為偏誤（omissions bias）的因子，是心理學家稱做「規避損失」（loss aversion）的概念，也叫「前景理論」（prospect theory）。以色列心理學兼經濟學家丹尼爾・康納曼（Daniel Kahneman）和阿莫斯・特莫斯基（Amos Tversky）進行了一系列的實驗後發現，比起獲利最大化，人類更重視的，其實是——如何將損失降到最低。

舉例來說，康納曼和特莫斯基讓受試者選擇要不要打賭，發現他們**比較偏好**把贏錢機率從90％提高到100％，相較之下，如果是從0％或10％拉高到50％或60％的機會，他們則沒那麼看重（見圖1.2）[5]。這項發現打臉了傳統經濟理論，因為學者原本認為既然都是10％的改善，人對各級距的

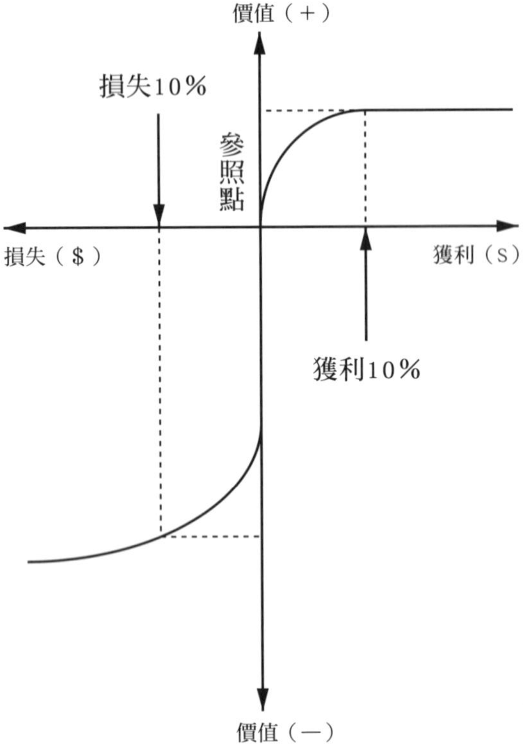

圖1.2　前景理論圖示[4]

的增幅應該同樣重視，但康納曼和特莫斯基發現在人類心中，不同級距的機會其實並不一樣。把勝率從90％提高到100％之所以比較受到看重，是因為這代表受試者有機會完全消除損失的可能，但換成是另外兩種10％，可就不是如此了。他們並不是按照獲利提升的程度來評估各項機會，而是以風險最小化為最高原則。康納曼和特莫斯基的研究顯示，客戶為了規避損失而做出某項決定的機率，是為增加獲利而做決策的**兩到三倍**。

我們可以透過一個簡單的例子瞭解這樣的心理機制。假設你撿到一張千元鈔票好了，這時你感覺如何？相較之下，如果你掉了一張千元鈔，又會作何感想？從理性角度來看，不管是撿到或遺失千元鈔，情緒強度應該要完全相同，畢竟這兩件事對你的影響，都是一千元這麼多，但多數人大概都不是這樣。事實上，丟失千元鈔時的負面情緒，應該遠比撿到一千塊錢時的好心情來得強烈。講白一點，「人就是很討厭輸，討厭程度遠高過喜歡贏。」康納曼這麼說[6]。

不過他們的研究中，有個多數業務都沒意識到的重要但書，某些業務雖然很善於利用客戶想規避損失的心態，卻也沒能瞭解到這點：就算最後都是輸，輸法不同也是有分別的。

做錯與少做

康納曼和特莫斯基在研究中發現，對人類來說，因為做錯事而失敗（error of commission），比因為沒去做某件正確的事而失敗（error of omission）來得更嚴重，這樣的現象就叫「不作為偏誤」，簡單來說，在這種偏誤的影響下，人如果因為**做了什麼**引發惡性後果，會比**沒做什麼**而造成惡果時更後悔[7]。

各位可以想像：客戶正在評估一項很重要的採購決定，像是可能改變業務走向的軟體平台。客戶公司目前使用的系統需要許多維護費用，而且效率低落，換新平台後，似乎很有機會解決問題。假設客戶決定**不買**好了，那她可能錯過為公司提升一千萬業績的機會；但如果情況**相反**，要是她決定購入並簽了合約，結果成效卻不如預期，非但沒讓公司大發利市，還引發反效果，那該怎麼辦？這筆投資不僅沒有填補生產力缺口，推動公司成長，還造成了一千萬美元的**損失**。雖然客觀而言，兩種選擇的損失金額完全相同，但站在客戶的角度來看，你大概也會寧可選擇第一種吧。

所以囉，所有客戶的確都想避免損失，但他們真正想避開的，是自身行為直接造成的損失。比起**不作為**的後果，他們更害怕的是**採取行動**卻弄巧成拙，說到底，其實就是**寧願錯過也不願做錯**。

為何這麼怕犯錯

客戶為什麼會把做錯的後果，看得比少做的損失更嚴重呢？其中一個原因在於做錯事容易直接被發現，罪證確鑿，有憑有據。做出選擇的同時，也代表你決定不採用其他選項，基本上就等於關上了其他扇門，不考慮其他可能的方案。相較之下，「少做」則較為抽象，客戶也較難察覺、評估。不決定確實可能帶來損失，但或許要過一段時間才會浮現，在某些情況下，甚至永遠都無法判斷這樣的損失究竟有沒有發生。即使少做是錯誤的選擇，客戶也可以拖延不去面對；另一方面，如果是做錯的話，文件一簽好寄回給賣方，錯誤馬上就會鑄成了。

另一個原因則在於和不做相比，做錯和個人比較有關，可以追溯到單單一個人身上——即使是在複雜的B2B買賣中，也總是會有個人負責掌管採購委員會、做出最後決策並簽下合約；相反地，少做則不一定是誰的錯，畢竟機會來來去去，犯錯的究竟是誰，錯誤又是在哪個確切的時間點造成，實在很難說得準。換言之，如果拘泥現況不改變，結果是由所有人共同承擔，但要是改變，那麼**做決定的人**可就得獨自肩負起所有責任了。

再回頭看剛才那個企業家考慮是否該購入軟體平台的例子，假設她決定購買，結果成效不佳，最後必須負責的，終究是簽下合約，決定投入經費與資源的她自己；但如果她選擇不做採購決策，因而喪失推動成長及提高生產力的機會呢？其實公司大概有過很多升級系統的契機，但之前的人也都沒好好把握，而且採購委員會還有其他成員對這筆投資抱質疑態度，所以在選擇不行動的情況下，能怪罪的人可就多囉。

有趣的是，研究人員發現，比起做錯事的經驗，沒做某件事的記憶更會隨著時間變得鮮明，也就是在事發過後，錯失的機會在感受上會變得十分具體，不再抽象[8]。正因如此，客戶如果回頭重看多年前沒做的決定，可能會覺得錯失的良機比他們決定去做的任何事都更有分量。這就好像被問到人生最大的遺憾是什麼一樣：大家的答案往往都是沒把握的機會，譬如沒接受的工作、沒去看的演唱會、沒買的房子、大學時期沒約出去的人等等[9]。但這種心態對業務並沒有什麼好處。買東西是現在就必須決定的事，賣方可沒時間等待多年，等到客戶回首發現自己犯錯；反之，業務需要客戶盡快做出決定，或許是在這一年、這一季、這個月，甚至是這通電話結束之前。

客戶偏好現況和想要避免犯錯，其實是兩件不同的事，這樣的研究結果並不只侷限於業務領域。舉例來說，心理學家伊拉納・利托夫（Ilana Ritov）和強納森・拜倫（Jonathan Baron）曾在一九九〇年代初期發表研究，主題就是分辨這兩種心理作用。

「『現況偏誤』這個詞一直被用來描述人類『不採取行動或維持當下或先前決定』的傾向，」他們寫道，「這句話顯然包含了兩個主張：第一，人類偏好維持現況；第二，人類不喜歡採取會改變現況的行動[10]。」利托夫和拜倫請受試者假想各種情境，在這些情境中，**除非**他們有所行動，否則情況就會改變。結果顯示，「無論能否維持現況，受試者都比較擔心自身行動造成不良後果；即使不行動會造成改變，受試者仍偏好什麼都不做，不願有所作為[11]。」兩人不僅瞭解到現況偏誤和不作為偏誤是兩種不同的心理作用（雖然結果都是不行動），也發現這兩個因素比較而言，避免犯錯的渴望對人類有較大的影響。

不作為偏誤能解釋客戶為什麼明明說想改善現況，最後仍因為害怕行動而猶豫不決。不過單看這種心理作用，並沒有辦法解釋客戶那麼擔心，到底是怕犯什麼錯。值得慶幸的是，我們可以從社會科學中找到答案。

購買決策中的三種做錯

維利・吉梅斯（Veerle Germeijs）和保羅・迪波克（Paul de Boeck）在二〇〇三年的研究中，請一百七十四位即將畢業的高三生決定要選哪些大學課程[12]。他們以判斷猶豫原因為目的，設計了兩份問卷，請受試者填答，對資料進行迴歸分析，得出了很有趣的結論。具體而言，受試者會猶豫，原因可以追溯至三種恐懼。

第一，有些人面臨「評估問題」，不懂得如何比較各選項的價值，面對看起來都很有趣的課程，深怕做錯了選擇；第二，有些學生是因為「缺乏資訊」而猶豫，怕自己沒做夠功課，會在沒掌握充分資訊的情況下選錯；最後，還有些人擔心預期的效益沒能實現，吉梅斯和迪波克稱為「結果不確定性」（outcome uncertainty）。即使相信自己握有充足資訊，選課時也很有信心，某些學生還是會怕沒能充分獲得預期中的效益，譬如這門課是否真能讓他們為以後想做的工作打好基礎。

我們對銷售談話的研究證實了這項結果。團隊按猶豫原因將客戶分類後，得出的類別和兩人多年前歸納出的相同，也就是說，客戶猶豫的成因基本上有三種：擔心選錯；怕沒做夠功課；怕成效不佳，不值得投資（詳見圖1.3）。研究顯示，每項因素都和特定的行為及不同的詞組、話語有關（也就是客戶在銷售通話中的言談），我們可以藉此辨識出客戶猶豫。

在我們的研究中，造成恐懼的第一類因素「評估問題」，會以很多種方式現形，有時是比較不同供應商的功能。在某通銷售電話中，客戶對業務說：「我知道你們的系統操作起來比較便宜，但另一家的速度快上許多，我們目前正在評估哪一項對公司來說比較重要。」也有時，這種恐懼會使客戶在銷售流程進入尾聲時開始支吾反悔，無法決定最終的合約應涵蓋哪些內容，許多客戶也確實說出了心聲，表示不知道哪個方案最符合需求：「我們正在評估是否需要專業服務，或者可以由內部團隊自行處理。」

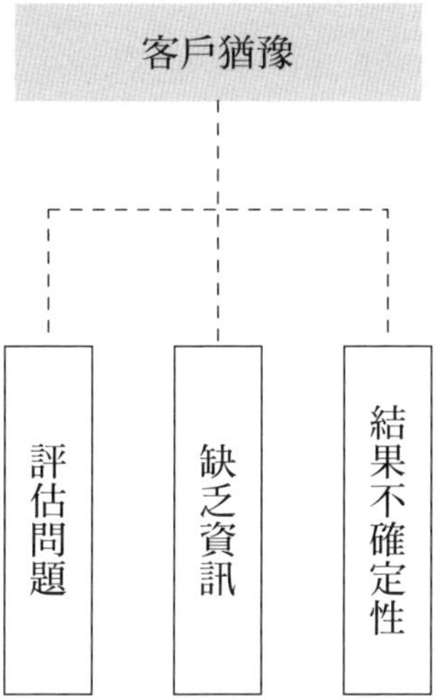

圖1.3　造成猶豫的三個因素

其中有一位客戶這麼說；另一位則是對合約期長遲疑不定：「我知道想買到這個價格，就必須簽三年的約，但還是想問問看有沒有可能改回兩年，這樣我們比較有彈性。」

在銷售通話中，第二種恐懼因素「缺乏資訊」會導致客戶表示要做更多研究才能決定，但其實明明已耗費了業務和賣方大把時間。這些客戶可能會一再請業務提供更多資訊以利決策，要求業務在加開的會議中回答他們上次開完會後想到的新問題，請第三方購買顧問提供建議，做決定前還可能會請許多同事給意見，希望能集結不同領域的多元專家幫忙填補資訊缺口。在某通電話中，某位業務就不禁嘆出聲來，因為客戶又要求「再示範一次，只是想確定所有細節都沒漏掉。」

最後一種恐懼因子是「結果不確定性」，源自買賣雙方的信任度落差：業務聲稱自家產品或服務能創造某些成效，但客戶可能不見得相信業務承諾的效果都會實現。無法克服結果不確定性的客戶會不斷要求賣方提供參考資料，似乎以其他客戶的評論為決策依據；也有些人會請業務精確計算預期收益，有時甚至要求進行低成本或免費的概念驗證和試行計劃，證明方案有效，確實能帶來預估的成效或收益。某位業務表示客戶知道要求的試行計劃需要付費後，得到了這樣的答案：「證明產品有效是你們該做的事，我們才不會付錢。」另外也有客戶這麼說：「如果最後沒用的話，我可就遭殃了。」雖然不一定是不相信業務所說的方案價值和獨特之處，但仍想預測結果是否真能符合需求。這有可能是因為業務把餅畫得太大，讓人覺得不可能成真，也或許只是客戶沒用過正在考慮購買的產品，又或者是被其他業務晃點過，所以才會猶豫不決。無論原因為何，這些客戶都因為擔心犯錯，怕成效不如預期時必須擔起責任，而失去了決策能力。

問題越來越嚴重

評估問題、缺乏資訊、結果不確定性這三項猶豫觸發因子，並不只是對當今的業務造成問題，未來甚至可能會帶來更大的威脅。

供應商的方案這麼多種，再加上幾乎所有產業的新創公司都大暴增，所以客戶經常不知道該如何正確選擇，或許兩家競爭企業的功能或優勢完全不同，這時要怎麼比較？此外，客戶眼前也充斥著大量可供評估產品與服務的資訊，來源不只是賣方本身，還有專業分析師、品評人和一般使用者，而且每天資訊量都急速倍增，使人擔心自己研究得不夠，可能無法做出正確的決策。最後，由於賣方都想提升自家方案的「黏著度」（stickiness），避免客戶改用別家的服務，所以購買並導入方案的成本、資源密集度和風險同樣會提高，導致客戶越來越擔心為了購買方案而投入的時間、精力和資源，能不能真的發揮成效，否則他們就得為錯誤決策負起責任了。

所以，「客戶猶豫」並不同於「偏好現況」，而且只會持續惡化。客戶偏好現況是向來都存在的巨大障礙，未來的狀況大概也和現在差不多。業務會一直必須克服客戶不願改變、想維持現況的問題，但猶豫不決這個因子，卻會受我們無法控制的外在因素影響，所以可以合理推測，不久後的將來，在因缺乏行動而告吹的銷售案件中，肇因於客戶猶豫的比例會比現在更高。

銷售中的「沉默殺手」

客戶猶豫這個因素之所以能隱形這麼久，對業務構成挑戰，一大原因在於業務並不容易在談話過程中，察覺到客戶無法下定決心。許多客戶能直言不諱的說他們偏好現況，覺得目前的做法比較好，不認為賣方的服務有什麼優勢，但在猶豫不決時，卻沒辦法這麼坦然，畢竟問題是源自個人的恐懼，大家不太會想承認，更有可能的是，他們根本沒意識到自己在猶

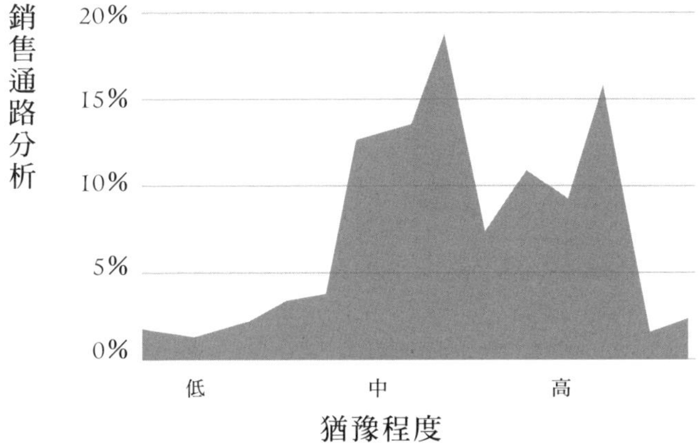

圖1.4　銷售通話的客戶猶豫程度分布圖

豫，因而下不了決定。

不過，我們運用自然語言處理和機器學習技術，辨識出了顯示客戶猶豫的情緒，譬如不確定感、困惑、焦慮、懷疑和擔心等等，這就好像一氧化碳偵測器，讓我們發現談話中**處處都是**猶豫跡象，以研究資料而言，在多達87%的通話中，客戶都處於中度或高度猶豫狀態，十分驚人。對業務來說，要找到有決斷力的客戶，簡直像是大海撈針。雖然業務通常會捨棄太過舉棋不定的客戶（本書之後會討論），但在銷售的世界裡，客戶猶豫仍是無可避免的難題。從許多角度來看，因為買方猶豫而談不成的生意，似乎應該**更多**才對呢。

各位可能會覺得如果客戶已經表示有意購買，那成交率應該會非常高，但我們挑出這樣的通話來分析後，發現只有大約26％，比預期中低了許多。很多案子最後都不了了之，而且過程就像火車慢動作出軌一樣拖得很長。客戶雖然在銷售流程初期就說想買，但之後卻開始傳達出程度不一的不確定與困惑。從統計數據來看，這類情緒會對銷售潛力帶來極為負面的影響，如果再加上客戶抗拒（研究中近70％的通話都有這種狀況），簡直就是致命組合，往往會導致客戶最後不行動。在一次又一次的通話中，潛在客戶都說優先事項有變，並一再以業務常聽到的過往經驗為由，說後悔之前買了什麼，把原本似乎已快跨過終點線的業務往反方向推，甚至直接請他們離場。

客戶猶豫會嚴重侵蝕業務的銷售成功率，偏偏多數業務主管卻完全沒意識到這樣的現象。客戶開始顯露與猶豫具有相關性的情緒時，成交率就會開始塌陷，而且非常明顯（詳見圖1.5），出現的情緒越多，銷售表現就

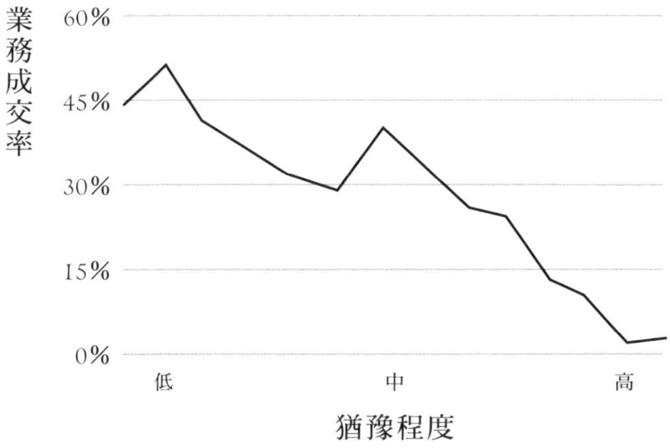

圖1.5　客戶猶豫程度

越慘。在猶豫程度低的通話中，銷售成功率是45至55%；光是中等程度的猶豫，就會把比例下拉到25至30%；如果是高度猶豫的話，則會讓成功率跌到5%以下——跟蒙眼射飛鏢射中的機率差不多。

最後，看似水到渠成的交易，沒能帶來一紙簽好的合約，反而是以客戶的一句需要「再想想」收尾。事實上，我們從銷售通話的資料樣本中，挑出客戶說有意願購入，最後卻沒買的案例後，發現當中有許多預示銷售將會失敗的詞句，不過，「我需要再想想」這句話和銷售失敗的相關性，比我們從通話中辨析出的好幾萬個預測性詞語都來得高，從統計數據來看，可說是殺手鐧，遠比直接被客戶拒絕**更慘**，因為這話一出，就代表客戶在猶豫了。我們訪問的一位銷售主管形容這種現象是「嘴上熱絡，心裡冷感」：客戶**說得好像**你已十拿九穩，但最後還是**不做決定**，害你敗下陣來。

這樣的現象很棘手，但更令人傷腦筋的是，業務本身其實也是造成問題的罪魁禍首，只是不自知而已。

我們就是自己的天敵

在研究中，我們發現業務往往會一察覺到客戶想退縮，就馬上開始展開說服攻勢。在這種情況下，絕大多數業務都會直覺性地認定自己還沒擊敗客戶現況，所以會再回頭從這方面下手，73％的銷售通話都有這種現象，比例高得驚人。這些業務來自不同公司與產業，賣的東西也不一樣，但想用來克服客戶猶豫的方法卻如出一轍。

業務執行這種策略的方式有兩種：第一，許多人會再次指出客戶當前做事的方法不夠好，甚至完全不能接受，希望激發「ＦＵＤ心理」（恐懼、不確定感及懷疑），明顯就是想嚇得客戶趕緊做決定；第二，有些人則會再次強調服務未來可發揮的價值，說客戶購買後能獲得多大的好處。這類型的業務把重點放在再次證明購入方案的投資報酬率，重申賣方的價值主張和獨特賣點，或是在客戶原先說想要，後來卻又搖擺不定時，再次告訴他們產品有什麼功能、能帶來哪些效益。每個業務選的方法可能不同，但其實這兩種方法的目標都一樣：再次向客戶證明購買商品或服務能帶來成功。

一般業務遇到這樣的問題時會覺得，客戶是說瞭解方案價值沒錯，但一定還沒完全被說服；他們**嘴上說**想購買產品或服務，但在**為什麼**該買這方面，一定還有疑問沒獲得解答。如果客戶對於**應該要買的原因**真的很信服，那肯定會有動機要實際行動才對。所以，一般業務只要發現客戶猶豫，就會認定是自己還沒能贏過客戶現況的拉力，只是原因不明而已。

雖然「打擊現況」這個方法有很多人用，而且幾十年來，從老闆傳授給經理，經理再教給業務，但我們的資料也很清楚明確地顯示這麼做並沒有用，事實上，還會造成嚴重的反效果。

我們發現，如果客戶表示有興趣後，業務再次對現況發動攻擊，有84%的機率會造成負面影響（詳見圖1.6）。

這種可能性是我們原先完全沒想過的。大家多半認為客戶之所以會猶豫，就是因為還不相信購買後能獲益，這樣的因果關係似乎非常明顯，所以我們從沒想過要質疑，畢竟這可是長久流傳下來的業務智慧結晶，也是無數銷售書籍的主題，市面上的銷售訓練和方法，也幾乎都是聚焦於這個重點。

但即使這個策略有這麼多人認可、使用，研究資料卻仍舊顯示這麼做無助克服客戶猶豫。

為什麼呢？

原因在於，就定義而言，擊敗現況的重點是讓客戶知道購入後能獲益，如果沒買又會錯失哪些良機，確保他們瞭解不行動的代價、看見拘泥現況的後果，背後的邏輯是：善用客戶怕錯過的心情，驅使他們做出購買

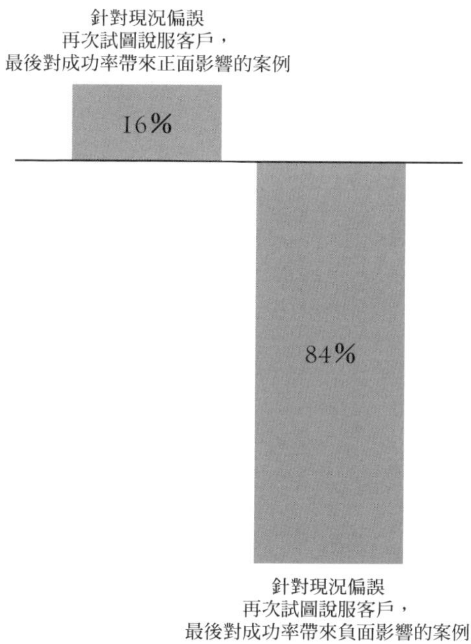

圖1.6　在客戶猶豫時再次訴諸現況造成的影響

決策。

但我們已經討論過了，客戶比較害怕行動會造成損失，對於不行動帶來的影響反而沒那麼擔心。客戶會同意你分享的願景，當然是因為也認同僵固不變的代價，但同意應該改變現況後，他們卻會開始害怕自己的決策造成失敗，而且這樣的恐懼更為強烈：比起**什麼都不做**的後果，客戶更擔心的是**做了些什麼**以後反倒搞砸，畢竟這種損失會很明顯，還能直接追溯到他們的決定。

這就是原因所在。如果客戶已經同意你提出的想法，那麼再次重申已經說清楚的論點，強調不改變的壞處，企圖用維持現況可能造成的損失說服客戶，是不會有幫助的，因為到了這個銷售階段，這並不是他們擔心的事。客戶一旦表示有意改變現況後，不管業務再怎麼說些抽象的理由，想說服他們行動，都很難真的帶來動力，因為這時，客戶並不擔心錯過優惠時限，必須等產品重新到貨，或是團隊得再多等一季，才能汰換掉舊的系統；不怕慢競爭者一步，或因維持現況而持續損失；也不會因為沒能善用提升成效和投資報酬率的機會，感到焦急煩惱。

他們**只擔心**決定買你推銷的方案後，反而鑄成大錯。和這種心理相比，業務試圖使客戶擔驚受怕，怕到採取行動的其他方法，全都會相形失色，畢竟錯過九折或多等一個月才導入方案，並不會害人被炒魷魚，但如果花錢購買後卻沒能達到預期的成效，就有可能丟掉飯碗了。

所以囉，讓客戶知道不變比改變更痛，使他們萌生改變的**意圖**固然很好，但在你已擊敗現況，對方也有意願購買後，情況就翻轉了。要將客戶從有意願推進到實際**行動**，業務還必須克服不作為偏誤。在與現況競爭時，你可能是完全把重點放在**強調方案為何能帶來成功**，但如果希望客戶不再猶豫，則必須向他們證明**買了方案以後不會失敗**。對方會開始舉棋不定，通常並**不是**因為偏好現況，而是不想犯下無法挽救的錯誤。這兩種心態聽起來可能很像，但其實截然不同，我們現在已經知道了。

看到這裡，讀者大概已經瞭解：如果已經說服客戶應該改變現況，對方卻開始猶豫不決，那麼再次把現況拿出來當武器，也只是浪費時間。但後果可不只如此。你可能還記得，我們發現這種策略不僅沒用，還可能造成**反效果**。就統計數據來看，與其再次告訴客戶應該改變現況，業務**什麼**

都不做時，結果反而還比較好。

為什麼呢？重新祭出現況攻擊，怎麼反而會害到業務自己？

要探究背後的原因，我們必須思考業務再次遊說客戶放棄現況時利用的情緒。在剛開始推銷，客戶也還沒顯露購買意圖時，業務通常比較會強調使用替代方案後，成績會有多好，為客戶勾畫出令人期待的美好藍圖；但如果對方開始猶疑，顯露出無法決斷的跡象，使業務碰壁，那他們經常會開始把未來說得一片黑暗，希望能喚起恐懼、不確定和遲疑等情緒，讓客戶嚇得採取行動。

這種方法基本上就是利用客戶的恐懼，使他們害怕自己永遠困在不夠好的現況之中，或深怕錯過大好機會，沒能抓住先前沒有過的大好機會，實現企業效益或成長。但如同我們先前所述，使客戶猶豫不決的，說到底還是**恐懼**——對於做錯決策的恐懼。所以，業務如果在已經很害怕的客戶身上加諸更多恐懼，經常會徹底弄巧成拙，畢竟這只會讓客戶有**更多事**要擔心，有**更多**原因可以猶豫，而且也**更能**合理化自己的拖延。

簡單來說，試圖利用恐懼，把本來就已經很害怕的客戶嚇到採取行動，是很糟糕的銷售策略。

結論

一如我們在本章所述，就客戶不行動導致銷售失敗的案例而言，主要因素其實並非客戶偏好現況，而是客戶因為不作為偏誤（希望避免犯錯）而猶豫不決。

不作為偏誤的阻力很強，是業務終將必須克服的一大障礙，而且這遠比說服客戶現況不理想更困難。不僅如此，評估問題、缺乏資訊和結果不確定性這三項猶豫成因，也會因為我們無法控制的外在因素而增強。隨著賣方供應的選項越來越多，買家可參考的資訊也持續增加，再加上購入方案的成本和風險提升，客戶自然更有可能被自己的猶豫不決給困住，無法踏出下一步。最後，在面對猶豫的客戶時，業務經常就是自己最大的敵人——不僅沒受過關於察覺客戶猶豫跡象的指導與訓練，還經常會對心裡已經在躊躇、掙扎的客戶繼續重申改變現況的重要性，使對方更加害怕、焦慮、無法決斷，結果反而導致交易更有可能停滯不前，因客戶不行動而不了了之。

客戶不希望自己的決策直接造成公司損失，可惜普通業務往往容易誤判原因，明明終點線已近在眼前，卻因為祭出擊敗現況的攻略，沒能針對克服客戶猶豫對症下藥，所以還是無法成交，十分可惜。如果客戶已被說服應該改變，相信賣方的產品或服務能帶來好處，那不管你再怎麼重申客戶已經相信的事，都不會有辦法讓他們在合約上簽名。要想幫助客戶跨過終點線，必須使用完全不同的策略。我們的研究顯示，表現最頂尖的業務已認知到，到了銷售流程中的某個階段後，告訴客戶購買方案能帶來**成功**，其實已不再是重點；反之，這時應該著重的，是向客戶證明購入後不會**失敗**。

我們分析了超過兩百五十萬次的業務通話後，發現頂尖業務遇到客戶猶豫時，自有一套出人意料的應對法則，詳細內容會在下一章分享。

第二章　震盪效應

目前，我們已經確立了幾件事。

第一，客戶猶豫對業務人員來說是一大問題。我們的研究顯示，這對銷售成功率有惡性影響，而且經常發生，從單純的交易性買賣到複雜的銷售，各類型的業務都難以倖免。這個問題會使賣方的生產力和績效降低，對銷售團隊和企業造成很大的機會成本，不但沒有減緩跡象，未來也可能只會越來越嚴重。供應商不斷推出新的產品和選擇，並提供相關資訊，使得市場氾濫，再加上各行各業幾乎都有快速成長的新創公司顛覆現況，所以有越來越多因素會使客戶想要按下暫停鍵，仔細思量購買決策。

第二，多數業務在面對客戶猶豫時，都還是以平時慣用的教戰守則應對，但沒什麼效，甚至效果奇差，但這畢竟是因為業務多半只受過一種訓練，那就是「打敗現況」。他們學過達成這項目標所需的技巧，譬如最明顯的就是訴諸維持現況的壞處，偏偏用來消除客戶猶豫，企圖讓他們把想法付諸行動時，卻經常會帶來反效果。

由此可見一本攻略並不夠，現今的業務需要兩本教戰守則。表現平平的業務可能認為打敗現況，利用客戶想透過改變提升的渴望，就能把生意談成；但頂尖的業務知道，在客戶表示同意改變的願景後，還有第二個階段，而且在這個階段，情況有可能，也確實經常出錯，必須安然度過，才能實際成交。第二階段的重點在於處理導致客戶無法決斷的恐懼——單是這項發現，就已經十分出人意料了，畢竟數十年來，管理階層多半只著重第一階段，銷售訓練方面的投資也都集中在這部分，關於第二階段的研究、書籍和培訓內容則少得令人訝異。不過，如果沒能把改變的意願化為實際行動，案子因為客戶猶豫不決而被卡住的機率仍會高到嚇人。

在任何銷售中，打敗現況永遠都會是關鍵要素，這點無庸置疑，畢竟業務如果無法贏過現況的拉力，那肯定什麼也賣不成。但現況被打敗、拉力開始減弱後，取而代之的是威脅性更強的敵人：客戶自身的猶豫。之所以會猶豫，則是因為他們非常希望避免犯錯。如果說打敗現況攻略的核心是「**挑起不買會錯過的恐懼**」，克服猶豫戰術的重點則應該放在「**緩和買

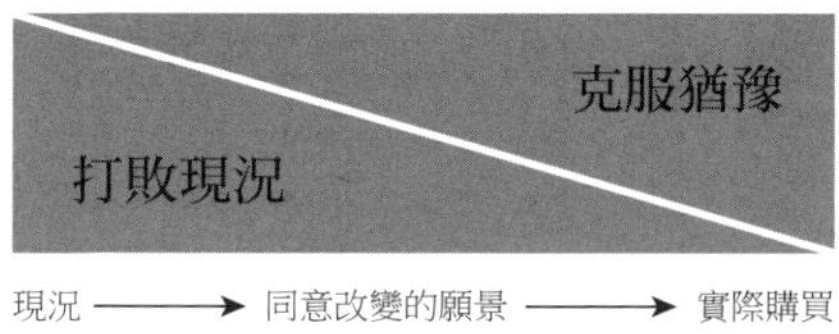

圖2.1　提升銷售成效的兩種攻略

錯的恐懼」。

在銷售流程中，業務最好可以依序使用圖2.1的兩種攻略。在銷售早期的各個階段，以及剛開始接觸仍處於現況的客戶時，業務最重要的任務就是擊敗現況。一旦確立了客戶想改變的意願，現況也不再是討論重點時，取而代之的將會是客戶自身的猶豫，而原先害怕錯過的心態，也會轉變成買錯的恐懼。這時，業務如果希望客戶把想法實際付諸行動，就必須先放下打敗現況的攻略，改用克服猶豫的秘笈。

值得注意的是，「克服猶豫」並不只是成交決殺技而已，不只能處理後期的客戶猶豫，解決業務常在「最後一哩路」上遇到的問題。頂尖業務知道，雖然通常都是在他們擺平現況，讓客戶認同改變藍圖後，猶豫情節才會全面上演，但其實打從最初的互動階段，就應該要注意客戶猶豫的跡象。這些明星業務深知在銷售流程中的任何階段，猶豫心態都可能悄悄產生，如果不希望客戶一直「走一步、退兩步」，那賣方從銷售流程開始的那一刻到最後一秒，都必須保持警覺才行。

所以第二本銷售攻略中到底有什麼秘訣呢？表現優異的業務究竟是如何克服客戶猶豫？

震盪方法

我們的研究顯示，頂尖業務遇到困住的客戶時，會採取獨特的攻略，是一套專門用來戰勝猶豫的方法，就許多層面而言，都和他們多年來學到的守則完全相反，與打敗現況的戰術也截然不同。我們把這套攻略稱為「震盪方法」，也就是「JOLT方法」。

我們透過研究辨識出的第一種JOLT行為，是「評估客戶猶豫」（Judging the indecision）。我們訪問了多位頂尖業務，發現他們在評估某個機會是否值得投入心力時，方法和一般業務不同。長久以來，大家都知道頂尖業務會根據容易觀察的**外在**條件，判定哪些商機有發展潛力，譬如產品功能是否合乎買方的使用需求、產業吸引力和企業狀況等等；不過我們的研究顯示，表現出眾的業務在評估商機時，也會把一個較難觀察，但卻十分關鍵的因子納入考量，也就是客戶本身做決定的能力。換句話說，他們評斷的標準，不僅僅是客戶**購買的能力**而已，**做決策的能力**也包含在內。

這種做法的目的有兩個，第一是把猶豫到無可救藥的客戶淘汰。我們在研究中發現，在客戶極度猶豫、似乎冥頑不靈的情況下，頂尖業務捨棄機會的可能性比其他業務高出許多。他們以猶豫狀況為主要的評估標準，並結合主動式聆聽和仔細觀察，判定客戶是不是真的**有可能**因為賣方鼓勵而採取行動，又或者根本怎麼做都沒用。相較於相信「希望常在、不能放棄」的普通業務，這些頂尖分子心裡似乎就是有種直覺，能判斷客戶是否真的有機會在引導下走出猶豫，並決定案子值不值得他們投入時間和精力。第二，如果業務認為客戶其實還不到沒藥救的地步，只是還有些許猶豫、還在掙扎，那麼這也有助他們選擇要用攻略中的哪些技巧處理猶豫，或者也至少能較精確地預估銷售走向。

評估客戶猶豫的程度後，JOLT方法的第二種行為是「提供建議」（**Offering your recommendation**）。我們發現，如果客戶為評估問題所苦，覺得每個方案都很吸引人，不知道該選哪個，這時，多數業務都會想藉由分析客戶需求來解決問題。他們很聽客戶的話，會問一大堆問題，試圖瞭解對客戶來說真正重要的是什麼；反觀頂尖業務，認為客戶已經很猶豫，需要旁人引導，而不是更多選擇，所以採取的策略也完全不同。他們不會**詢問**已經很困惑的客戶想要什麼，反而會直接**告訴**客戶該買什麼（譬如「這些選擇都很不錯，但就個人看法而言，如果我是你，我會選這個」）。這麼一來，本來看似複雜難以決定的事，感覺上就變得簡單、容易處理了。最後，客戶繼續行動的機率也會提升，比較不會卻步退縮。

第三種行為是「限縮探索範圍」（**Limiting the exploration**）。客戶眼前如果有海量資訊，可以不斷研究、評估各種機會和不同的供應商，會對業務造成很大的麻煩，因為這會導致客戶覺得自己還沒做夠功課，無法做出最正確的購買決策，也就是「缺乏資訊」的問題，我們在第一章探討過。一般業務可能覺得自己有義務為客戶提供資訊，無論對方想再多讀一份白皮書、再看一次使用示範，或再打一通電話給賣方的其他客戶確認服務品質，都必須縱容他們的每一次要求。但頂尖業務似乎就是知道，提供再多的額外資訊，也永遠無法滿足客戶想知道更多的欲望，而且客戶即使想做出明智的決策，也終究不可能把市面上的所有資訊全都消化完。所以，他們選擇不助長客戶想獲取更多資料的欲望，反而會控制資訊量，藉此限縮探索範圍，同時也預測客戶需求，處理對方沒說出口的反對意見，並練習在客戶堅持取得過多資訊時，徹底坦率地拒絕。他們知道，要贏得這麼做的權利，就必須先把自己培養成產品領域的專家，既要有公信力（對於客戶要制定的決策，他們比客戶瞭解得更多），也必須值得信賴（讓客戶知道他們提供引導，並不是為了賣出更多商品，而是為了客戶的最大利益著想）。

JOLT方法中的最後一項行為是「消除風險」（**Take the risk off the table**）。研究資料顯示，客戶開始因為結果不確定性而煩惱，不知道是否真能獲得預期的成效時，一般業務多半會為了讓客戶不要擔心而企圖轉移注意力，讓他們重新關注「**不買**可能錯失什麼」，不要去想「**買錯**可能造成什麼損失」，換句話說，就是採取經典的FUD手段，希望嚇得客戶趕緊做決定。相較之下，頂尖業務則知道把不行動的代價告訴客戶固然有效，但這個方法必須用在正確的時機，也就是在企圖打敗現況，讓客戶認同改變願景的時候。這項目標一旦達成，繼續強調維持現況的壞處只會造成反效果，因為這時客戶擔心的，已經不是不行動可能錯過什麼機會，而是做出決定後可能會造成什麼損失。其中影響最大的是客戶內心深處的恐懼——他們深怕做出購買決策後，如果沒有帶來預期中的效益，自己最後會成為眾矢之的，落入困境。

頂尖業務不會把重點放在恐嚇客戶，企圖把對方嚇得趕快購買。為了幫助客戶克服結果不確定性，他們會靈活地想出降低負面風險的方法，譬如給予客戶選擇退出的權利，訂立退費和變更規則，或是提供專業服務支援和合約除外條款等等。同時，他們也會積極管理客戶的期待，讓客戶知道什麼時候大概會有怎樣程度的效益，並給予安全感，讓客戶覺得不太可能失敗。（譬如：「我已經制定了前三個月的合作規劃，讓你確切瞭解會透過哪些方式快速達成目標。」）最後，雖然傳統上認為好的業務就是要賣得大、賣得多，但研究結果卻恰好相反。我們發現，頂尖業務能克服結果不確定性，反倒是因為他們建議客戶從小規模開始，創造初期成效後再擴大購買。說起來有些諷刺，他們一開始的成交量雖然少，最後卻賣得比誰都多。

組成震盪方法的就是這四種技巧：評估客戶猶豫、提供建議、限縮探索範圍、消除風險。頂尖業務能利用這套攻略，幫助客戶從猶豫中脫困，最後推客戶一把，震出他們的行動。在本書中，我們會詳細說明每一種技巧，透過實際數據證明確實有效，並分享社會科學方面的證據，探討這些技巧效果**為什麼**這麼好。

震盪效應

在一一深入探討這些行為之前，我們必須先說明採用JOLT方法能帶來什麼成效。只要是推行過新銷售方法或策略的領導者，都可以證實在前線推動改變有多困難，畢竟這需要時間、投入與投資。所以如果又有一套新的行為準則，要主管考慮要求旗下的業務遵守，那可回收的效益就得讓他們認為值得才行。

在這本書中，銷售主管會讀到好消息。我們的分析結果很明確地顯示，這些技巧不僅值得考慮，而且幾乎沒有**任何**投資能像這套新攻略一樣，為銷售成功率帶來如此顯著的提升。

這些技巧並不常在一般的業務訓練中傳授，有時甚至和課堂上教的方法相反，所以在真實世界的業務通話中也不常出現。在我們研究的資料裡，ＪＯＬＴ方法應用程度低或完全沒偵測到的通話，占了整整三分之一；至於應用程度高的通話則只有７％，明顯可看出多數業務都還有改進空間。

不過研究資料也清楚顯示，ＪＯＬＴ技巧可以在業務面對猶豫不決的客戶時，帶來很顯著的成效。我們在第一章曾提過，如果業務在處理客戶猶豫時，只是一再重申維持現況的壞處，那麼在84%的案件中，都會對銷售成功率造成**負面**影響。但如果改用ＪＯＬＴ方法呢？如果賣方不再只是仰賴**製造**恐懼的手法，而是改用ＪＯＬＴ技巧來**減緩**恐懼呢？在這樣的情況下，84%的負面影響會變成70%的正面效果。

我們剖析資料後，發現不論客戶猶豫的程度是高、中或低，採用JOLT技巧的業務成功率都比一般業務來得高（圖2.2）。

首先看看低度猶豫的客戶。客戶本身要是很果斷，那乍看之下，大家都是好業務，而研究結果也不出所料：一般業務和JOLT業務的成交率都遠高於平均值26%。在這種罕見的情況下，一般業務的成交率是39%，頂尖業務則是將近70%。不過如我們先前所說，果斷的客戶很難找，在絕大多數的案子當中（確切而言是87%），客戶都屬於中度或高度猶豫。隨著猶豫程度上升，普通業務的成交率也退回平均值，剩下26%，反觀JOLT業務則仍維持57%，兩組之間幾乎拉出120%的差距。事實上，就普通組和頂尖組的表現而言，這是我們在研究中看到的最大差異。普通業務在面臨高度猶豫的客戶時，成交率一落千丈，只談成6%的生意；相較之下，使用JOLT技巧的業務即使是面對各資料區間**最**猶豫不決的客戶，**還是能**設法簽下31%的案子，仍高於平均值。

對於每年要處理數百次業務往來的公司而言（有些企業甚至是數千

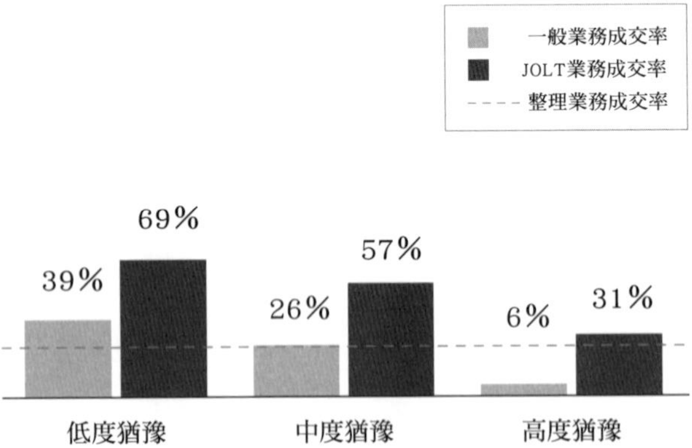

圖2.2　一般業務和JOLT業務的成功率比對
（依客戶猶豫程度區分）

次），即使只是讓業務從「不是很好」進步到「還算不錯」，都有機會大幅提升收益，而且做法很簡單，只要聚焦於這少少幾種核心行為就好。

使用這套方法還有另一個好處：這些行為能為買方注入信心，讓客戶肯定自己的決定，相信他們深怕會造成的損失不會發生，所以也有助減少心理學家所說的「決定後障礙」（post-decision dysfunction）——意思是人經常對決定感到後悔、回頭重新檢視，有時甚至會反悔並收回原先的決定。正因如此，

JOLT方法不只能提升銷售成功率，也可以促進客戶忠誠度，並降低成交後的客戶流失率。關於這點，我們在第八章會詳細說明。

結論

本章介紹了頂尖業務克服客戶猶豫的攻略。我們的研究顯示，這些業務能脫穎而出，是因為用了以下四項技巧：

一、**評估客戶猶豫**，判斷猶豫來源和自己解決這個問題的可能性。

二、**提供建議**，讓決策變簡單，而不是無止境地問客戶想買什麼。

三、在客戶一再詢問沒有實質效益的問題時，終止這個循環，請他們不要再浪費時間做多餘的研究，藉此**限縮探索範圍**。

四、管理客戶期待，靈活地用各種方式提供「安全網」，讓客戶相信自己不會被丟下不管，達到**消除風險**的目的。這些技巧是一套全新攻略，能幫助業務透過一番震盪，把客戶震離猶豫，也震出他們的行動。

在接下來的四章中，我們會逐一詳細探討頂尖業務的四種技巧，提出證據說明這些行為有效的原因，也會引導各位將各項技巧應用於業務談話之中。

第三章　評估客戶猶豫

在我們的研究中，客戶猶豫是一項常數，在成功和失敗的銷售案件中，都會以一定的頻率出現，只能想辦法處理克服，不太可能讓這項因子完全消失。不過我們開始以客戶猶豫為觀察重點，檢視了銷售漏斗中的案件組成後，發現了一個有趣現象：在頂尖業務處理的案件中，客戶高度猶豫的案子**遠比較少**，至於客戶十分果斷的案子則**多出許多**。

我們訪問了一位績效優良的醫療器材業務後，才瞭解到這項意外獲得的發現背後有什麼原因。「跟客戶接洽時，我都會看兩件事，」她說，「他們的**購買**能力和**決策**能力。我同事多半都很會按照標準化原則判斷客戶合不合適，用這種方法評估商機，最後卻老是把時間浪費在條件看起來不錯，但就是無法下決定的客戶。」對她來說，客戶猶豫這件事不能完全放到銷售後期才開始處理，初期就應該要先注意並瞭解，才能決定**要不要**繼續追這筆案子，進行時又該採取**哪一種**策略。

她接著又分享了兩個故事，說明她會根據客戶猶豫的狀況，在心中篩選機會，判斷哪些是根本還沒開始，就已經知道沒希望的案子，哪些又是其他業務可能會忽略的商機。其中一個故事，客戶是一間醫院，看起來非常適合使用賣方的服務。「是大醫院喔，成長得很快，對原本的器材和設備也不太滿意，想要找新方案，因應醫院在擴張過程中的新需求。其實我們就是他們唯一的選擇，也是產業龍頭，但我馬上就發現，客戶就是沒辦法下定決心，要求我們提供無止境的參考資料、長期試用服務（而且不願意付錢），還要我承諾一大堆我無法保證的事。所以，雖然是很有潛力的商機，我還是決定暫停交涉，告訴經理我要把時間花在別的地方，等到醫院準備好以後，我會再跟他們談，但以我的預測來看，可能不會太快。」

另一個故事的客戶則是一間醫療中心，以這名業務公司的標準而言，規模非常小，小到他們幾乎不會注意到，而且現存的實驗室設備還能再使用幾年。「的確，」這位業務解釋道，「就客觀條件來說，這個潛在客戶似乎不怎麼樣，但實驗室主管非常果斷，打從一開始就相信我會提供合適的方案，而且我按照公司的標準程序，提議安排他跟其他客戶通話以確認設備品質時，他甚至還說不用，說他知道我們聲譽很好，不需要浪費他和其他客戶的時間，請對方來對他重複他已經知道的事。當下，我就知道這筆生意一定很快就能談成。雖然團隊都笑我把時間花在這個客戶身上，但那卻成了公司全年度最快成交的案子。」

評估客戶猶豫

任何業務都會告訴你，要促使客戶真正做出決定，聽起來或許不難，但實際上卻不容易。從口頭答應到簽下合約，從挑選到交易，從想要到購買完成，中間的過程可能會拖得很長，但究竟需要花多久時間？客戶到底有多猶豫？業務得要多努力，才能讓已經同意改變願景的客戶做出購買決策？而客戶猶豫的確切原因又是什麼？如果客戶綁手綁腳得太嚴重，真的還值得業務投入時間與心力，試圖把他們推過終點線嗎？

這些問題的答案非常重要，所以我們才會把「評估客戶猶豫」當做ＪＯＬＴ方法的第一步，也可以說是最重要的步驟。

在本章接下來的段落，我們會探討業務應該如何判斷客戶猶豫的程度和起源，並將可能加劇猶豫問題的因子納入考量。

釐清猶豫來源

我們在第一章曾討論過，客戶猶豫的原因有三個：評估問題、缺乏資訊和結果不確定性。進行評估的第一步，就是瞭解造成客戶猶豫的因素。

我們在研究中發現，這三項因素中的每一項，都經常和客戶的某些用詞及說法一同出現，歸納資料後，客戶猶豫的成因就會浮現出來。首先我們要探討的是「評估問題」。先前曾提過，在這個因子的影響下，客戶會卡在眾多選擇之間無法做決定，表達出不知道哪個選項最符合自身需求的困惑或不確定感。如果要判斷客戶是否被評估問題影響，業務應該問問自己：

- 客戶是否很快就說出他們偏好的選項或配置，還是什麼都想要？（譬如：「這些看起來都很厲害。」）

- 客戶有沒有追問不同套裝組合和配置的差異？（譬如：「你可以解釋……之間的差別嗎？」）
- 客戶有沒有表露出困惑，說不知道該選哪個方案？（譬如：「我們卡在這兩個選項中間，不知道該選哪個。」）
- 客戶發現之前不知道的功能和選項時，會受到吸引嗎？（譬如：「我們不知道你們有這個功能，你可以多介紹一點嗎？」）

接下來是「缺乏資訊」。在這種情況下，客戶會認為自己功課或研究做得不夠，無法做出最正確的選擇，因而感到焦慮或困惑。這時，業務應該自問：

- 和一般顧客相比，客戶有要求提供任何額外資訊嗎？（操作示範、和公司的其他客戶確認品質、和方案工程師或產品知識專家討論等等）
- 客戶是否曾以要收集更多資訊為由拖延？
- 客戶是否曾表示可參考的資訊太多，他們覺得不知所措？
- 客戶是否曾表示覺得自己「一無所知」或「還有很多要學」，因此感到擔心？

造成猶豫的第三個因子是「結果不確定性」，受影響的客戶會擔心購入後的效益以及最後能否回本，因而表露出憂慮、懷疑或不安的情緒。這時，業務應該自問：

- 客戶有沒有一直追問預期的投資報酬率（並要求你修正預估數值）？
- 客戶有沒有提過以前投資失敗的經驗？
- 客戶有沒有說過和他們以往進行過的項目相比，你在賣的方案是很大的投資，或有很大的風險？
- 客戶有沒有要求你承諾或擔保成效？
- 客戶有沒有對效果的可達成性表示懷疑？

回答這些問題有助業務找出客戶焦慮的成因，判斷應該使用哪個「招數」緩解客戶猶豫，或許是提供建議、限縮探索範圍或消除風險，這些方法我們之後都會在書中詳細討論。

不過到目前為止，我們只說明該如何確定客戶猶豫的原因，還沒提到要怎麼評估猶豫程度。判斷出成因以後，還需要瞭解嚴重性，才能預測成交的困難度。要衡量猶豫程度，必須再考慮兩個層面：客戶是不是本身就有選擇障礙，以及可能加深猶豫的外在因子。

衡量客戶自身的猶豫程度

有時候，人如果在猶豫，其實很容易看得出來。你可能也有這種朋友：請服務生待會兒再過來，然後又叫其他人先點……最後又要服務生幫忙推薦，因為有兩道菜都很吸引人；或者，你可能也認識那種總要拖到最後一刻，才去買節日禮品的人？

德保羅大學（DePaul University）的教授約瑟．法拉利（Joseph Ferrari）曾在一九九〇年代初期進行一項很有趣的研究，目的在於瞭解有些人為什麼就是喜歡拖到最後，才去買節日禮品。在這項實驗中，研究人員在四個不同的時間點，到當地百貨公司訪問去買耶誕禮物的民眾，分別是耶誕節的四週、三週和一週前，還有過節前的那個週末。他們發現受訪者之所以會拖延，並不是因為不喜歡購物或有其他事要做，而是因為無法決定要買什麼禮物[1]。

但追根究柢，猶豫不決基本上仍是一種「心理狀態」，所以你可能會覺得很難在銷售談話中察覺到，畢竟客戶是有可能陷入猶豫沒錯，但如果他們只是很仔細審慎地在思考購置流程呢？這種事本來就需要時間考慮，需時長短也會取決於客戶想買的產品或服務，在這種情況下，業務該如何區分兩者的差別？我們要怎麼知道客戶到底只是行事比較慢，又或者是真的**困住**了呢？值得慶幸的是，社會科學可以提供一些答案。

明明做出決定後可以改善現況，人為什麼卻還是經常無法決斷呢？至少從一九七〇年代起，心理學家和行為經濟學家就已開始試圖回答這方面的許多問題，進行了數千次實驗及資料導向的研究，希望瞭解受試者如何看待眼前的決定、他們對決策的感受會受哪些因素影響、猶豫不決的心態會呈現在現實生活的哪些行為中，以及人是否會在某些情況下變得比較有決斷力或更猶豫。

猶豫這件事很難說明白，就連正在猶豫的人自己都說不清（其實對他們來說，或許還特別難解釋），所以心理學家發明了「猶豫量表」，用這個機制評估猶豫程度。這份量表是一九九三年由藍迪・弗羅斯特（Randy Frost）和狄娜・修斯（Deanna Shows）所設計，現在說到衡量猶豫程度，這已經是公認的標準了[2]。量表內含十五個句子，受訪者必須評估自己和每個句子的敘述是否相符。

- 我做決定時會拖延。
- 我總是很清楚地知道自己想要什麼。
- 我覺得做決定很簡單。
- 我覺得規劃有空時要做什麼很困難。
- 我喜歡做決定。
- 我做出決定後，通常對決定很有信心。
- 點菜時，我經常很難決定要點什麼。
- 我通常都很快就做出決定。
- 我做出決定後，就不會再去擔心那件事了。

- 我做決定時會很焦慮。
- 我常擔心做錯決定。
- 我做出選擇或決定後，常會覺得選錯或決策錯誤。
- 我沒辦法決定應該先做什麼，所以無法準時完成該做的事。
- 我沒辦法優先處理最重要的事，所以該做的事都很難完成。
- 我好像連決定最枝微末節的事，都要花很久的時間。

許多後續研究都證實，這個量表和常讓人聯想到猶豫的行為，有很高的相關性。舉例來說，弗羅斯特和修斯曾在某次實驗中，請十五位在猶豫量表中得分偏高和十五位得分偏低的受訪者，針對一系列情境做出五十個決定。他們必須從四十門大學課程中選出二十門課，從四十件衣物中選出二十件留下來，最後，則要從三間餐廳的菜單中選出最喜歡的套餐。結果顯示，容易猶豫的受訪者花了將近十四分鐘才完成任務，相較之下，較果斷的受訪者九分鐘內就決定好了[3]。

但除了在開始銷售前，請每一位客戶都填寫猶豫量表問卷以外（而且這有可能嗎！），業務還能用什麼方法，評估客戶的猶豫程度呢？

為了回答這個問題，我們鑽研了樣本資料中的大量業務通話，希望能找出客戶言談中的蛛絲馬跡，瞭解他們流露出的哪些跡象會讓頂尖業務踩煞車。接著，我們再回頭訪問頂尖業務，驗證這些發現是否正確，最後得出一套四步驟的簡單方法，任何業務都能用來評估客戶猶豫和「決策障礙因子」——也就是對客戶決斷能力造成負面影響的因素。

第一步是瞭解客戶如何搜尋並消化資訊。雖然我們已經知道，所有客戶都會遇到「缺乏資訊」這個引發猶豫的問題，但有些人對於資訊不明確的容受度比較高，有些人則較低，業務必須在初期就察覺到這點。第二步則是要觀察客戶如何評估其他選擇。他們的評估過程有邏輯、有架構嗎？又或者是很混亂，令人難以捉摸呢？第三，要觀察客戶流露出的線索，推測他們是否會願意接受「已經夠好」的方案，或者非得要產品完全符合需求才肯買。最後，客戶開始猶豫、退縮、動搖時，業務要能察言觀色，並在不同的拖延行為出現時，解讀客戶表露出的猶豫跡象。

在本章接下來的段落中，我們會討論上述的每一個步驟，說明方法背後的社會科學根據，以及頂尖業務用來衡量客戶猶豫的徵兆。如果能回答我們在上段提出的問題，你就能視情況調整處理業務的先後順序，投入適當資源，並更準確地預估洽談結果，不會再讓案子落入永遠沒有決定的深淵，最後就像在枝上凋零的花朵般慢慢枯萎。

客戶如何搜尋並消化資訊

每個業務都知道，賣方自有銷售流程，但相對而言，客戶也有自己的購買歷程，瞭解兩者之間的對應關係很重要（見圖3.1）。不過頂尖業務似乎就是知道在流程中的哪些關鍵時刻，客戶自身的猶豫容易顯露出來，他們用來評估的其中一個要素，就是客戶如何搜尋並消化資訊。

在當今這個時代，客戶自己先做過一定的研究後才跟賣方聯絡，是很正常的。我們在CEB（現已併入Gartner）的研究顯示，一般客戶在與賣方接洽前，都已經走完將近60%的購買歷程了[4]。而且他們和業務接觸後，學習速度會遽增，因為賣方會安排操作示範、提供試行服務，並且讓

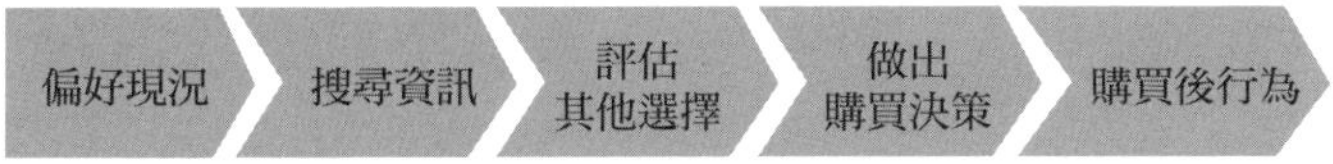

圖3.1　典型的客戶購買歷程

客戶與各方交流互動，包括產品知識專家、方案工程師、產品團隊成員及客戶成功經理等等。

必須先澄清的是，客戶會搜尋並瞭解資訊，用於制定購買決策，是很正常的，雖然業務當然希望客戶對自己的話照單全收，別去找一大堆資料，但這畢竟不太可能，商品價格高、複雜又會改變現況時尤其如此，如果是還未經過實證的新科技，就更不用說了。在這個時代，很少有客戶會**不花時間**做研究、讀評論、詢問其他客戶，並全盤研究供應商的所有方案，所以光是查資料這件事本身，並不代表客戶猶豫不決。頂尖業務判斷的標準是「客戶需要**多少**資訊，才能有自信地做出決策」，以及他們「取得資訊的**方式**」。

頂尖業務憑本能就能知道以下兩種客戶有很大的差別：有些人只是盡責做功課，在合理範圍內查資料；有些人卻會要求取得過量資料，最後反而陷入分析癱瘓

（analysis paralysis）的狀態，變成為研究而研究。這種情況發生時，頂尖業務就知道自己正在應付的，是本來就不太能忍受資訊模糊的客戶。研究人員發現，對於這種模糊容受度低的客戶來說，資訊不明的狀況不僅會造成決定時的猶豫，還會引發擔憂和後悔等負面情緒，對業務而言等同於災難前奏[5]。

頂尖業務在判斷客戶的模糊容受度時，會關注的第二個徵兆是心理學家所說的「回溯」（backtracking），意思是客戶看似在購買歷程中有所進展，但新資訊如果突然出現，他們就會開始走回頭路。我們訪問的一位頂尖業務表示，如果客戶已經進入試行計劃或提案協商等後期階段，卻突然獲得新的資訊（譬如分析師報告或先前沒聽過的新創公司），這就會是很大的警訊。她分享了一個和客戶接洽三個月的故事。當時公司剛替那個客戶完成試行計劃，效果很好，也已和採購及法務部門進入合約商議階段，這時對方卻突然投下震撼彈：「我也是百般不願意，」客戶這麼說，「但你也知道，Gartner的《魔力象限》報告剛出爐，裡頭有特別提到幾家公司，是這方面的潛力新星，我們之前沒聽過，當然也沒跟他們談過，所以只是想說要找他們聊聊，確認一下再做最後決定。我們還是想跟貴公司繼續簽約流程，畢竟我相信這些公司一定比不上你們的等級，但你也知道，這對我們來說是很重大的決定，所以才會想徹底研究清楚。我們對這項決策很嚴謹，希望你可以理解。」那位業務告訴我們，在那個當下，她就知道客戶永遠不會做決定，那筆生意也不可能談成。「我很有禮貌地告訴客戶會尊重他們的流程，先暫停簽約程序，等他們決定要不要繼續。這已經是半年前的事了，一直到現在，他們都還沒決定接下來要怎麼做。」

客戶如何評估其他選擇

在購買歷程中，還有另一項行為可用來偵測猶豫跡象，那就是客戶評估其他選擇的方式。我們訪問的頂尖業務表示，在這個階段，他們會觀察客戶是否能有邏輯、有組織地比較不同的供應商與服務，會不會胡亂把性質完全不同的選項拿來相比。

心理學家法拉利和約翰・多維迪歐（John Dovidio）解釋道：「猶豫

不單只是不趕快做決定而已[6]。」從本質上來看，猶豫不決是一種決定障礙，要想偵測到這種障礙，不僅要看客戶決策**之前**的行為，也要觀察他們做決定的**方式**。譬如許多研究顯示，猶豫不決的人常採取「單一層面思考」（intradimensional），也就是一次只把一項因子看得最重要（譬如價格），在這方面窮極各種研究後，又再轉換陣地，改為研究另一項因子（如服務可靠度），從頭再來一次。所以業務要注意的，就是只聚焦於單一功能，其他一切全都不管的客戶，即使是能創造更多價值的產品特性，他們都會予以忽略，最後卻改變心意，開始認為原本看重的功能對他們來說其實不是最重要的。這樣的客戶最終是有可能會做出決定，但決策方式曲折複雜、難以用邏輯理解，這當然也代表他們最後有很高的機率會質疑自己的決定，甚至可能反悔。

另一個相關決定障礙是在面對眾多選擇時，無法有效評估選項，學者克里斯多福・安德森（Christopher Anderson）詳細研究過這個問題[7]。他說人在面臨許多選項時，決定方式分為兩種。第一種他稱為「補償性選擇」（compensatory selection），也就是衡量性質不同的條件，並在這些條件之間做取捨，譬如要買新手機時，某一台運作速度慢、容量又小，但因為價格低而且附了其他手機沒有的配件，所以覺得可以彌補前兩個缺點。採取補償性選擇的客戶可能會難以決斷，因為條件的本質不同，就像蘋果跟橘子一樣，所以自然會很難比。安德森表示，用這種方式決策的人，做出來的決定通常不太理想[8]。

如果改採他所說的「非補償性」選擇策略，則可減少或完全消除衡量多樣化條件時的難題。這種策略偏向以二分法來處理某些條件，只分成「關鍵」或「非關鍵」兩種，如果不是關鍵要素就淘汰，是的話則可留下，這也是採購流程中會用到提案徵求書的原因之一，尤其是要購買昂貴複雜的商品時。有鑑於供應商的服務這麼多，提供的功能與優勢也如此多元，所以企業常會藉由提案徵求書來減少候選廠商的數量，只留下方案內容符合「必備」條件的商家。

舉例來說，假設某間企業想換新的客戶關係管理系統好了，他們在考慮的供應商可能有十多家，但發出提案徵求書以後，可以先淘汰不具必備條件的商家，把候選名單縮減到比較容易評估的三到四家廠商。或許這間企業認為不可或缺的是產業經驗與專業知識，也或許是每位用戶的授權金額不能超過多少，又或者是內部員工必須能自行部署方案，不需太過依賴賣方的專業服務團隊。最終階段的候選名單出爐後，客戶可能會改用偏向補償性選擇的策略。也就是說，他們已經確定這些沒被淘汰的廠商都能提供公司需要的服務了，所以接下來只要挑出方案最超值的一家即可。

在當今這個時代，就連一般消費者都對這樣的機制很熟悉。以Amazon為例，平台的商品目錄那麼廣，客戶很容易感到迷失，覺得看起來都一樣好、一樣吸引人，所以Amazon將購物歷程結構化，讓消費者可以先訂下條件，篩選出哪些商品符合他們最重視的條件，加以比較後再做決定。假設有位消費者要買新電視好了，只要用最重視的條件去篩選（如平均買家評分、螢幕大小、功能、品牌和價格區間等等），就能篩出一些商品來優先考慮。他們可以迅速把幾百個選擇濃縮成符合需求的幾件商品，而且點進去看時，系統還會顯示一個小表格，比較正在瀏覽的商品和消費者考慮過的幾項其他產品。Amazon透過這種方式，巧妙地鼓勵消費者採用非補償策略，快速把大量商品縮減成值得進一步考慮的少數幾件。平台收集多年的用戶行為資料顯示，眼前的商品如果經過篩選、數量較少，消費者購買的機率比較高；如果有成山成海的產品可以選擇，實際購入的機率則遠遠較低。

對於頂尖業務而言，真正的問題在於客戶如果**沒有**進行徵求提案這種正式採購程序，是否還能透過有架構、有邏輯且有跡可循的方式，評估眾家選擇。「對我來說，」某位頂尖業務告訴我們，「如果客戶無法解釋他們是如何選出正在洽談的幾家廠商，這就是警訊。通常客戶不會透露在和其他哪些公司接洽，但應該要能說明他們是用哪些『必要』條件篩出最終名單，哪些條件對他們來說又不那麼重要。如果無法說明篩選標準的話，就代表客戶大概也沒辦法做出什麼決定了。」

業務當然會有辦法查出同時在與客戶接洽的競爭者有誰，上述的這位也不例外，比較特別的地方在於，他是把這項資訊當做評估客戶猶豫的指標：「我知道客戶通常也都會跟某幾家競爭廠商洽談，他們品質很好，業務性質也跟我們很像，所以跟我們一起進入決選名單是很正常的。當然啦，我們是可以**主張**每間公司都不一樣，說拿我們和這些競爭者相比，就像是拿蘋果比橘子……但至少客戶比的都還是**水果**，只是種類不同。可是，這次客戶卻把方案性質完全不同的供應商也納入考量，我聽說以後，立刻覺得實在是很糟糕的跡象。拿蘋果比橘子還好，但拿蘋果跟星期二來比，可就完全是另一回事了。遇到這樣的客戶，我都會把優先順序往後排，畢竟他們根本不知道自己想要什麼。」

客戶是否願意接受「已經夠好」的方案？

所有業務員都知道，銷售這件事不可能盡善盡美：公司的產品和服務在重點領域或許是勝過競爭對手沒錯，但在論及其他層面時，可能就是不如人，並不是每一位客戶和分析師都會給予最高評價；此外，即使是最棒的產品操作示範、試行計劃或概念驗證程序，都可能會出錯或遇到困難。真正的問題在於：客戶是否能接受。

曾獲諾貝爾獎的經濟學家賀伯・賽門（Herbert Simon）在一九五六年提出想法，他認為人在面臨選擇時，大體上可分成兩種：「覺得夠好即可」

（satisficer）和「非得最好不可」（maximizer）[9]。前者在做決定和選擇時，願意接受「已經夠好」的方案，一旦找到符合需求的選項就會採用，即使還有更好的選擇也一樣。但在非得最好不可的人心裡，可沒有「夠好」這回事，對他們來說，「好」比較像是一個絕對的概念。話雖如此，他們其實也有比較重視和相對沒那麼看重的條件，只是找到符合多數條件的選項時，不會直接採用，反而會繼續尋找**更**合乎條件的選擇。「就拿選大學來說吧，」心理學家沙蘭・哈希瑪（Shahram Heshmat）表示，「非得最好不可的人在做決定時，為了確保最佳結果，會覺得一定要把手上的選項全都研究過一輪，而且評估時很仰賴外在因素，不是問自己對選擇是否滿意，反而比較會依據名譽、社會地位和其他外在判斷依據來衡量自己的決定；相較之下，覺得夠好即可的人，則比較會思考他們選的大學品質好不好、是否符合自身需求，而不會去問這間學校是不是『最棒』[10]。」

研究顯示，非得最好不可的人確實能做出比較好的決定（也就是說，他們的確選得比較好），但卻對自己的選擇較不滿意。艾恩・羅特斯（Arne Roest）和同事對大學畢業生進行了研究，發現非得最好不可的人選了工作後，薪水比覺得夠好即可的人高出兩成，有趣的是，他們對自己的選擇卻比較不滿意[11]。如果做什麼都非得最好不可，最後免不了會一再懷疑自我選擇，與他人比較，覺得別人的決定比較好。簡而言之，非得最好不可組多做研究、多付出努力，絕對有其效果，但如果終究會不滿意自己的決定，一直去想如果當初怎樣，現在會有什麼不同的話，那又是為誰辛苦為誰忙呢？

多數的行為經濟學家都認為，世界上並沒有人是「絕對」非得最好不可，原因很簡單：人在做決定前，不可能徹底瞭解並吸收每一個選項的所有資訊，所以就某種程度而言，想做出最好的選擇，在執行層面上是不可能的，畢竟人類的認知能力和做決定的時間都有限，評估選項時也不一定能收集到最充分有效的資訊。因此實際上，多數人最後都會犧牲取捨，走捷徑來做出決定。不過我們也知道，在真實世界中，許多客戶仍會想追求完美，經常為了尋求最好的方案，放棄已擺在眼前的改善機會。

頂尖業務說他們會時時保持警惕，留意客戶有沒有追求完美的跡象，會不會只聚焦於看到的缺點，忽略購買方案後可能獲得的效益。我們訪問的一位業務表示，無論是拜訪採購委員會、進行操作示範等比較小的事項，或是試行計劃或概念驗證等較大規模的活動，她在每一次的客戶互動結束後，都一定會向客戶方的主要聯絡人詢問進行得如何。「我想知道我們哪裡做得很好，哪裡又還有改善空間。客戶回答時，我也會去聽言外之意，譬如他們是先說優點還是缺點？優點還是缺點說得比較多？描述缺點的方式如何？是說得好像我們注定賣不成，又或者只是提供意見，給我們改善的機會？」

接著，她舉了一個例子說明：「我們在做試行計劃時，剛開始都會有點小問題，但就只是因為還沒跟客戶既有的系統整合而已，所以起初的程序需要很多手動作業，我也都會預先告知客戶。我在計劃結束後會詢問客戶意見，大家的回應都不太一樣。有時候試行方案用一模一樣的方式進行了兩次，卻會有一個客戶說：『天啊，為了推動這項計劃，我們的團隊累得半死，』或是『我們得趕快停損才行，』但另一位客戶則說：『的確是多花了一點力氣才上手，但你有預告，而且順利開始後，平台效能也完全符合預期。』光是從這樣的意見回饋，我就可以看出哪個商機的進度會比較快，哪個又會一拖再拖，必須努力奮戰才能成交。」

客戶拖延的本質是什麼？

即使是頂尖業務，都有可能錯失客戶猶豫的跡象，直到對方開始拖延、不願購買時才發現。在與猶豫相關的行為中，一般最常想到的就是「拖延」，也就是無法及時做出決定[12]。這點業務應該十分認同，因為**所有**客戶都會拖延。不過，我們研究社會科學，同時在訪問頂尖業務後瞭解到，雖然都是拖延，但背後的成因可能不同。

數十年的社會科學研究顯示，拖延其實有**兩種**不同的本質：一再耽延（procrastination）和迴避決策（decision avoidance）。

很多人應該都知道一再耽延是什麼感覺，這種把事情拖到最後一刻，甚至超過期限的行為，其實相當常見。法拉利解釋道：「人在做事多少會延遲，但這並不代表每個人都有耽延症。大家都難免會把事情往後推，但……研究顯示，有慢性耽延問題的美國人高達20％，他們在家、在工作上、在學校或在關係裡都會耽延，這就是他們的生活方式，所以繳所得稅時當然也會拖。我們是一個勤奮、願意做事的國家，但跟其他工業化國家一樣，也有許多愛耽擱等待的族群[13]。」另一項研究甚至發現，有80％到95％的大學生做事都會耽延。家裡有小孩在念大學的讀者大概不太意外，看到美國有慢性耽延症的人只有兩成可能還比較訝異[14]。

有時候，業務大概會覺得所有客戶都有耽延症。當天談的生意被客戶一再推遲，是很常見的狀況，對方似乎並不是在決策上完全沒進度，只是不想立刻做決定，所以想盡各種理由，以各種方式推託——或許是和法務等企業內部團隊一再來回溝通，也或許是拖很久才把必要資訊提供給業務。這些拖延現象可能會令人摸不著頭緒，畢竟客戶為什麼要拖延，也真的頗難解釋。他們不直接拒絕，只是一直說「還沒」……用任何方式想催促他們快一點，似乎都是被忽略或直接拒絕。

心理學家艾瑞克・拉辛（Eric Rassin）認為，人會拖拖拉拉的原因有幾個：「有些人之所以不想開始做事，是因為擔心自己能力不足、無法完成。對他們來說，耽延是避免失望和自尊受傷的暫時解方；有些人會把事情往後推，則是因為喜歡或『需要』在期限的壓力下做事，才能交出最佳表現……雖然耽延的成因很多，但猶豫不決通常都是其中之一[15]。」

不過除了一再耽延之外，客戶該做決定時之所以會拖拖拉拉，還有另一個更邪惡的因素：迴避決策。客戶耽延時，其實還是**有意願**要行動，只是暫時把事情擱置，但規避決策的客戶可就沒有這樣的意願了。「人在規避決策時，」安德森解釋道，「會刻意拖延，或是尋求不需任何行動或改變的簡單解法，藉此逃避做決定這件事[16]。」換言之，做事一再耽延的可能因素很多，但人會迴避決策，則只有一個動機，**就是為了不要做決定**。

不幸的是，迴避決策也是很常見的現象，而且安德森等心理學家認為，現在逃避做決定的人越來越多，尤其是在西方社會，因為大家總是被無數的選擇和資訊轟炸——這點我們會在接下來的兩章討論[17]。此外，人類天生就會想節省不必耗費的力氣，迴避決策和這樣的本能有著密不可分的關係，譬如拉辛就表示：「一般而言，生物會想辦法用代價最小的方式達成目標，所以如果不是非做決定不可的話，人類選擇不決定似乎是很合理的[18]。」

對於賣方而言，迴避決策和一再耽延就像是邪惡雙胞胎，又經常造成類似的行為，所以業務在遇到客戶拖延時，可能會以為對方只是想晚一點再決定，殊不知人家其實可能根本不想做決策。可想而知，業務不僅得注意一再耽延和迴避決策之間的差別，也要觀察可用來辨別拖延成因的徵兆。如果誤判遠比一再耽延更嚴重的成因，業務的評估可能會過於樂觀。遇到這樣的商機時，一再失望的業務主管經常必須介入，親自結束洽談來止血，但在那之前，賣方大概都已經花上好幾天、幾週，甚至是幾個月苦苦勸說，希望能簽下案子……這些時間明明可以，也應該要花在比較可能成交的商機上才對。

所以賣方應該如何分辨哪些客戶只是想把事情拖到之後再做，哪些又是在逃避，完全不想做決定呢？頂尖業務告訴我們，光是從客戶拖延的**方式**，他們就可以看出差別了。有位受訪者表示：「客戶想取消這週安排好的會議並延到下週是一回事……但如果他們跟我說『現在時機不對』或『業務優先順序有變』，問能不能下個月、下一季或明年再繼續談，那就完全是另一回事了。這樣的客戶永遠都不想做決定，可能是自己還沒考慮好，也或者是不想澆我冷水，所以放在心裡不說。無論如何，我聽到這種話以後，就不會繼續在他們身上花時間了，而且經常很想踢自己一腳，因為我應該要更早發覺才對。」

我們發現，如果客戶沒有顯露出這麼明顯的警訊，頂尖業務經常會提出「強力要求」，看客戶如何回應，從中瞭解對方拖延的原因[19]。

舉例來說，他們會請猶豫的客戶安排會議，邀請採購團隊的重要成員或技術、法務、人事、財務或採購部門的主管參加，藉此評估客戶是不是在推託，又或者是真的有事延誤了進度。如果客戶根本沒打算做決定的話，這樣的要求能幫助業務看清當前的狀況，畢竟如果必須請忙碌的同事撥空參加，客戶會特別謹慎。如果願意請同事參與決策流程，代表客戶確實有意願繼續進行；但如果客戶拒絕，則可能代表他們打從心底就不願進到下一步，最後也不會做出購買決策。

有時其實只要開口問，就可以釐清客戶拖延的原因，我們有個很具代表性的例子，是一位科技公司執行長分享的。當時，他在會議上遇到一位旗下業務已經洽談好幾個月的客戶。「他們似乎已經準備好要買了，」他告訴我們，「負責的業務每週都預估可以成交……結果卻拖了六個月。所以我在活動上遇到客戶時，就邀請他喝咖啡，坐下後就問他有沒有什麼事想跟我說。」客戶解釋公司的業務優先順序有變，所以執行長又問了目前的優先事項是哪些，對方說完後他回答：「在你們想優先處理的六項業務中，我們的方案對四項有直接影響，你應該也知道吧，所以你們是不是還有其他疑慮呢？」他又再刺探了一會兒之後，才終於發現對方一直拖延不做決定的真正原因：那位客戶前一年遊說公司對另一個平台投入大筆投資，在向財務長說明效益時，還說那筆投資能為公司解決許多問題，結果平台卻沒能實現他們期望的所有成效，是業務誇大了。「所以他們才會找我們洽談，」執行長解釋，「但更重要的是，客戶在那次事件後臉上無光，很怕再去跟財務長要一大堆經費來投資我們的平台。」

最後那位執行長告訴我們，客戶拖延的真正原因浮現出來後，為他的團隊帶來兩個效益，第一是業務開始著重幫助客戶做好準備，向執行長提案；不過更重要的可能是第二個影響：這讓業務團隊知道案子近期內應該不會成交，所以要把優先順序往後調。他表示：「這麼大的一件案子，明明已經快成交了，卻必須修改預估結果，實在很令人頭痛，不過既然已經知道案子很難談成，並不是很快就能簽下來，那繼續把時間和資源花在這上頭，才更令人頭痛。」

加劇客戶猶豫的因子

關於猶豫的心理研究也顯示，有某些外在因素會加劇客戶猶豫，導致案子更有可能因為客戶不行動而不了了之，這有可能是時間因素，譬如必須在期限內做出決定；也可能是客戶認為眼前的決定非常重要——或許是因為正在考慮的產品或服務費用不貲，或擔心做錯決定會造成哪些後果。

舉例來說，為了測試決定的重要性對猶豫程度有何影響，羅伯．拉多瑟（Robert Ladouceur）和同事請兩組自願受試者把不同顏色的膠囊分開，只告訴第一組要按顏色分類，但第二組收到的訊息則是這些膠囊會送到國外，當地很少有人識字，所以對這組受試者而言，把顏色分對非常重要，否則可能會害別人產生負面藥物反應。在這個額外的「壓力因子」影響下，第二組受試者花在猶豫及重新檢查的時間，遠比只收到按顏色分類指示的第一組來得長[20]。業務都知道，如果價錢提高，或是決策對個人或公司業務的影響加重，客戶也越有可能覺得眼前的決策茲事體大，導致案子陷入停滯。面對重要決策時，就連看起來很果斷的客戶都可能會變得猶豫不決、搖擺不定。

另一個可能導致情況惡化的因素是時間壓力，會使客戶更有可能困住。諷刺的是，施加時間壓力是賣方企圖促使客戶簽字時，常會用上的手段——像是「驚爆特價」、限時價格保證、折扣等等，都是由來已久的招數，如果客戶明明可以今天就做決定，但就是想要再等，那麼業務就會用來誘使他們馬上購買。關於這點，我們會在本書的其他章節詳細討論，但我們的研究資料也很清楚地顯示，這種施壓販賣術並沒有用，真要說有什麼影響的話，也只會使客戶更加猶豫不決，並沒有辦法加速他們的決定。

模糊容忍度高	1	2	3	4	5	6	7	需要感到肯定
有邏輯地評估選項	1	2	3	4	5	6	7	沒邏輯地評估選項
覺得夠好即可	1	2	3	4	5	6	7	非得最好不可
一再耽延	1	2	3	4	5	6	7	迴避決策

如果商機的評分高於22，可能就要考慮放棄

表3.2　客戶猶豫評分表

綜合評估

頂尖業務注意的猶豫指標有四項：客戶如何消化資訊、如何取捨、是否願意接受「已經夠好」的選項，又是以怎樣的方式拖延做決定這件事。這四大面向組成了一個有效的評估架構，無論是任何銷售員，都能藉此利用頂尖業務的方法偵測並衡量客戶猶豫（見表3.2）。

業務必須針對評量表的每個項目替客戶評分，分數越低越果斷，越高則代表越猶豫，每個項目都一樣。根據經驗，總分如果超過二十二，可能就代表應該放棄機會，即使不到這麼嚴重，至少也代表業務可能應該把案子的優先順序往後調，或是業務主管需要仔細地深入瞭解一番（詳見www.jolteffect.com，網

站上有提供互動式評分表）。在替商機評分時，賣方也應該考量我們討論過的加劇因子，譬如決定的重要性和時間因素，就算客戶的總分偏果斷，這些容易弱化決斷力的因子，仍有可能放大他們潛在的猶豫傾向，最後的結果就是案子表面上看起來很有希望，但其實根本應該排在後頭處理或完全放棄才對。

結論

最厲害的業務瞭解時間就是最寶貴的資源。

我們向來都知道頂尖業務在評估哪些機會值得去追、哪些又該放棄時，是很積極主動的。不過大家往往以為他們多半、甚至完全都是按照「外在」條件去評估，譬如產業、公司財務、可用預算、是否有相容的現存系統和程序等等。過去我們從未完全瞭解到，其實頂尖業務也會根據「內在」準則來淘汰客戶——也就是客戶所展露出的猶豫程度。即使是面對猶豫至極的客戶，頂尖業務大概仍有信心**可以**簽下案子，但同時，他們也夠聰明，知道時間應該花在更有意義的地方。我們在本章之初曾分享過一位業務的故事，她說得很好：除了客戶的**購買力**外，業務也應該要衡量**決策力**。

我們也瞭解到，頂尖業務有四個關鍵指標，合併使用時，就像酸鹼測試一樣，可以試出客戶猶豫的程度。最厲害的業務能分辨客戶能否忍受資訊模糊，又或者一定要非常確定，才能做出決策；也能看出客戶是否可以有邏輯地評估各種方案；是「覺得夠好即可」或「非得最好不可」；只是一再耽延，還是根本就不想決定。

他們也會考慮決定重要性和時間壓力等加劇因子，這些都可能導致原本不算太猶豫的客戶開始躊躇，最後使案子變得難以推進、無法挽救。此外，不管生意有沒有談成，頂尖業務最後都會問一樣的問題：我在這次處理商機的經驗中有沒有學到什麼，可用來為下次的案子做準備？

本書到現在的討論，能帶給讀者一個很清楚的重要結論：不知如何是好、無法實際行動，或基於其他原因而做不出決定，都是人類常有的狀況，客戶會這樣是很正常的，從許多層面來看，這就是人的天性。不過頂尖業務的核心技能之一，就是留意客戶猶豫的跡象，判斷對方是否可能回頭，並在需要時做出困難的決定，放棄客觀條件看起來很有希望，但終究不可能成交的商機，或是把這種客戶的優先順序往後調。對於有望成交但可能會有決定後障礙的客戶，他們也會這樣處理。

在下一章中，我們將探討頂尖業務的第二種行為：提供建議。

第四章　提供建議

心理學家巴瑞・史瓦茲（Barry Schwartz）在他突破性的著作《選擇的悖論：為什麼多即是少》（*The Paradox of Choice: Why More Is Less*）中，分享了一個很精彩的故事，是他自己去買牛仔褲的經驗。架上只有一款牛仔褲的日子，已經是過去式了，現在只要是你想得到的剪裁、顏色、水洗風格和布料，大概都找得到：有直筒、喇叭、寬鬆的、縮口的、藍色、黑色、石洗褲、破褲、褲襠是開釦式或拉拉鍊的，你說得出來都有。史瓦茲知道自己的牛仔褲尺寸，所以原以為進到店裡可以很快買完出來，沒想到卻有一大堆選擇，雖然最後還是挑了一件，卻不是非常滿意，離開時還一直在想是不是該挑另外一件。

史瓦茲接著談到現今消費者面臨的大量選擇——從超市裡的沙拉醬、手機行動網路方案，到B2B軟體供應商提供的多種配置和客戶支援選項，全都不例外。而且這樣的情況還不只發生在產品世界，在生活中的幾乎所有層面，大家似乎都想給消費者更多選擇。以醫療照護產業為例，他指出現在的醫生常把各種治療方式和優缺點都羅列出來，直接告訴病人該怎麼做的情況遠比較少，即使病人要他們給意見，醫生也通常會婉拒，並表示決定權終究在病患手上。史瓦茲認為，西方的工業化社會奠基於這樣的信念：「人的選擇越多就越自由，越自由的話，也就越能提升福祉。」他曾在著名的TED演講中解釋道：「這個（信念）深植於人心，根本就不會有人想到要去質疑[1]。」

問題是，擁有無止境的選擇乍看之下可能是好事，其實卻會造成反效果。人在面對大量選擇時，最後反而可能被自己的猶豫箝制，無法獲得自由。只要曾猶豫過該買什麼，大概都能瞭解史瓦茲的感覺：買完以後，馬上開始懷疑自己的選擇，無論是買房子這種很重大的商品、業務營運用的軟體、選自己要用的醫療照護方案，又或者只是買手機或鞋子這種小東西，全都不例外。客戶原本**明明想買**，到頭來卻會因為不知如何評估眼前的各種方案而苦惱，最後什麼都不做。

為什麼會這樣呢？史瓦茲認為，選擇之所以會害人苦惱，有幾個原因。第一，選擇數量增加，做錯決定的機率也會提升，再加上人們常擔心決定後會後悔（我們在先前的章節討論過），所以才會只看不做，永遠不決定。這樣的情況在業務中很常見，無論買方是一般消費者或企業——都一樣。客戶知道自己想購入賣方推銷的產品或服務，業務也成功戰勝了他們的現況，但這時，客戶卻會開始猶豫不決，不知道**究竟該買什麼**。

以一般消費者來說，例子或許是不確定該不該買儲存空間比較大的手機，畢竟合約有三年，不想一兩年後就把容量用光……但容量大的機型又貴**很多**，價格遠遠超出買手機的預算。同樣地，企業客戶可能盯著信箱裡的 **DocuSign** 郵件，明明已經做好準備要買，卻又開始遲疑：真的需要進階版軟體服務嗎？還是標準版就能滿足公司需求了？有些進階功能是會很有幫助沒錯，在操作示範中看起來也真的很好用……但預算已經很少了，要是花錢買了功能，最後卻沒真正使用，他們實在承擔不起。簡而言之，呈現給客戶的選項越多，他們就越有可能按下暫停鍵，有時候甚至會完全結束業務洽談，認為與其買錯，還不如什麼都不做。

客戶面對太多選擇時，反而經常會觀望不做決定，說到這個現象，

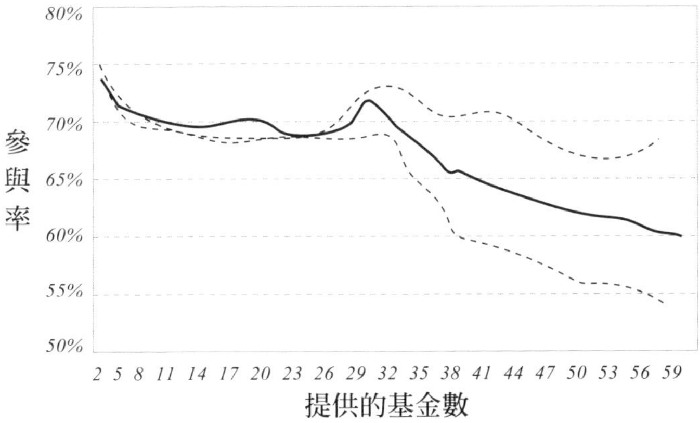

圖4.1　員工參加401(k)計劃的比例
和 提供基金數的相對關係[3]

退休基金Vanguard是很明顯的例子。關於退休帳戶的研究顯示，雇主每多提供十種投資基金，員工參加的比例就會**下降**2%，也就是說，如果提供五十種基金，員工參與率會比只有幾種選擇的公司低百分之十（見圖4.1）[2]。

史瓦茲解釋道，過量的選擇之所以會拖延決策進度，另一個原因在於**即使能**做出客觀而言還不錯的決定，仍會一直去想當初有沒有可能選得更好，最後對自己的決定反而沒那麼滿意。這種「決定後障礙」是客戶猶豫指標，我們在第八章會詳加討論。在業務場上，我們或許能完全靠著意志力，硬是讓猶豫的客戶簽下合約，但史瓦茲和其他研究人員發現，做出決定往往並不代表不再猶豫，反而才是猶豫開端。客戶會忍不住一直思考當初能否選得更好，所以也無法全心喜歡自己買的產品。這還不只是客戶心情受影響而已，之後也可能造成毀約狀況或客戶流失。

史瓦茲認為，第三個原因是人有許多選擇時，標準會持續變高，最後覺得自己選什麼都是「將就」。各位應該還記得上一章討論過的「覺得夠好即可」和「非得最好不可」，前者在做決定時，是以達成**某些**條件為目標，但後者則會希望每項條件都要符合。

有個令人擔憂的現象，值得銷售主管和業務深思：遇到願意取捨，而且很快就表示願意購買的客戶，我們常會認為對方應該是覺得夠好即可，但實際要他們完成購買時，很多人卻會變成「非得最好不可」的類型。說**想買**很簡單，不需花費任何成本，也不會造成風險（最多只是在業務面前丟臉），說得好像「夠好即可」自然簡單許多，所以在銷售初期，客戶如果爽快自信地表示願意取捨，業務大概不會覺得訝異，畢竟說話不用負責，大家都可以很果斷，但真正**執行**時，可就會有很多風險了。簽下合約、服務也履行後，很多事都有可能出錯，如果真有什麼狀況，肯定要有人負責，所以，「非得最好不可」的想法本來可能只是潛伏在客戶心中，在購買歷程後期卻會放大，導致原本看似果決的客戶即將簽約時開始退縮、支吾不定，要業務做出一切承諾，保證情況絕對不會出錯——為的就是確保自己不會被拋棄不管。到了該簽名的時候，原本再怎麼果決也都只是白搭。

最後，史瓦茲認為人做了決定後會不快樂，是因為責怪自己選錯，這就是本書先前討論過的「做錯」，讀者可能還記得。所謂「做錯」，意思是覺得自己的行為造成了失敗結局：譬如親自選了不適合的產品，沒議價就簽約，或者是在替公司選擇方案時，優先考慮了其實沒那麼重要的功能或福利。相反地，少做造成的失敗，則是因為沒做某件事而導致負面後果，譬如選擇不投資加密貨幣，所以沒能在漲勢中獲利。

我們在本書一開始就討論過，客戶猶豫是源自**規避損失**的心理，並以展望理論為基礎解釋了這種心態的根源，也談到一個不可否認的現象：銷售初期的重點，多半在於遊說客戶避免**不行動**的後果，但客戶在後半階段重視的，則是如何避免自身**行動**可能造成的損失。一旦客戶發覺採購決策**如果**造成損失或可避免的負面結果，責任會落在他們**個人**身上，那他們對於做錯決定的恐懼，就會更加強烈。

假設客戶要幫全家人換房屋保險公司好了。要是哪天出了狀況（譬如管線破裂），他才發現舊保單有提供這類問題的給付，新的卻沒有，那該怎麼辦？他跟另一半解釋時又能怪誰？畢竟換保險公司卻沒考慮到重要的給付差異，是他自己的錯；又或者是管理採購委員會、為公司評估大規模投資的經理好了。委員會的確扮演一定的角色，但到頭來，經理本人還是必須以主管的角色告訴高層：「我建議跟這家供應商合作。」之後事情要是出了差錯，導致公司把時間、金錢和資源耗費在成效不佳的方案上，後果也必須由這位主管親自承擔。所有客戶都會想避免損失，但如果是他們個人必須承擔的損失，那大家更是會像碰到瘟疫一樣，避之唯恐不及。

選擇的兩難

看完這所有證據，知道選擇太多會使客戶不知所措以後，大家可能會覺得解方很明顯：減少選項，避免客戶為了評估問題苦惱，導致最後猶豫不決——但事實並非如此單純。

表面上看起來，減少選擇數量後，客戶似乎會比較容易做出購買決策，但也有充分的資料顯示，客戶其實會受「擁有許多選擇」的**概念**吸引，尤其是在購買歷程初期；到了後期，這些選擇才會開始讓他們傷腦筋——這是席娜・伊言格（Sheena Iyengar）和馬克・樂坡（Mark Lepper）在他們著名的「果醬」實驗中發現的。為了測試選擇數量對消費者的影響，他們在當地超市擺攤，提供二十四種口味的果醬，供消費者試吃及購買。多樣化的選擇對於進到超市的人確實有吸引力，六成的顧客都停在攤子旁試吃。雖然有許多人試，真正買下一整瓶的卻只有3%。之後，他們又找了另一天擺攤，不過這次只提供六種口味試吃。顧客似乎因為選擇較少而比較不受吸引，只有四成的人去試，但選項縮減後，成交率卻變高了：在光顧攤子的消費者中，有30%的人最後買了一整罐[4]果醬。因此，要想消除客戶猶豫，並不代表完全不能提供選擇，重點在於要知道**何時**應該限縮選項，促使客戶做出決定。

頂尖業務似乎擁有判斷時間點的本能，知道何時該讓各種選擇百花齊放，何時又得告訴客戶該採哪一朵花。我們研究後，發現這些頂尖業務和表現普通的同事一樣，會從銷售初期就開始評估，透過各種問題探究客戶想要、需要什麼，但到了某個時間點以後，卻會刻意縮減客戶考慮的選項，方法就是**提供建議**，告訴他們該買什麼。

提供有效建議的兩項必備技能

我們在研究中發現，業務使出「提供建議」的策略時，通常會採行以下兩項：第一是「主動引導」，從被動角色（「告訴我你需要什麼」）轉為主動（「你需要的就是這個」）。事實證明，主動引導對銷售成功率有明顯正向影響。我們分析了相關資料，發現業務使用這項技巧後，銷售成功率

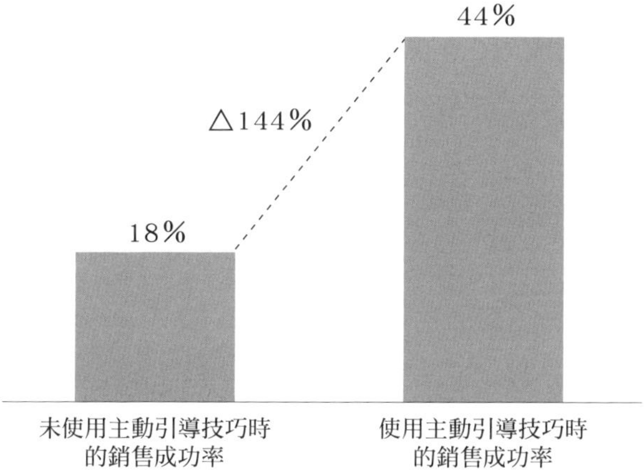

圖4.2　主動引導技巧對銷售成功率的影響

從18%上升到44%，提升了144%（見圖4.2）。

主動引導在實務上該如何執行？很多時候只是不著痕跡地推客戶一把，給他們一點方向，譬如研究中的某位業務曾說：「這是我們最受歡迎的配置。」另一位則說：「我們的新客戶一開始多半會用這個方案，之後有需要再升級。」有時候，業務則是在客戶顯露無法決斷的跡象後，才會提供主動引導，可能是為了避免在客戶其實已經有所偏好時，不慎推薦到其他選項，導致客戶覺得自己選錯很傻。頂尖業務察覺到猶豫和不確定感在客戶心中萌芽後，會馬上給予引導，縮減選項，讓客戶比較容易做出決定。這個方法雖然有效，但我們發現，頂尖業務更常會在客戶流露出困惑，不知如何評估手上的選項**之前**，就先提供建議。（這需要預測需求與反對意見的技巧，我們在下一章會詳細探討。）

理由是，如果業務從**個人**角度提供建議，會比一般性的建議更有效。我們把這種行為稱為「背書」，不僅代表業務本人為某個選項掛保證，也顯示他們在決策過程中是**和客戶站在同一陣線**，願意親自擔起責任，確保客戶不會選錯，而且會想告訴客戶：如果是自己要花錢、選方案的話，他們會怎麼做。

我們發現到這些頂尖業務會告訴客戶：「如果我是你的話，就會這麼做。」或是「我都跟客戶說選〇〇就對了。」他們之所以能這麼說，是因為已經建立值得信賴的專家形象（本書之後會討論），客戶不僅能從這些業務身上得到引導，也信任他們不會為了賣得更多而給予偏頗的建議。這就像是替委婉的建議（譬如「這個方案很受歡迎」）加上一層個人包裝，並蓋上個人印記以示背書（「我個人比較喜歡這個方案」），比起只提供引

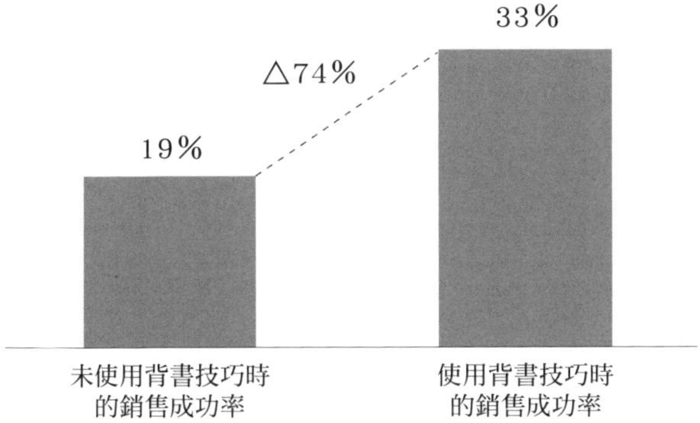

圖4.3　背書技巧對銷售成功率的影響

導，能為銷售成功率帶來更大的成長。我們的研究顯示，光是背書策略，就能讓成交率上升74%（詳見圖4.3）。

主動引導和背書雙管齊下，就像連續出拳一樣，可以快速地強力化解評估問題。頂尖業務會搭配這兩種技巧來破解「選擇的悖論」——還記得史瓦茲說的嗎？這常會讓人後悔購買、遭遇決定後障礙，甚至完全不做決策。

在分析中，我們按照業務使用這兩項技巧的頻率分類，研究使用情況對銷售成功率的影響。發現四成以下兩種技巧都沒派上用場，成交率也

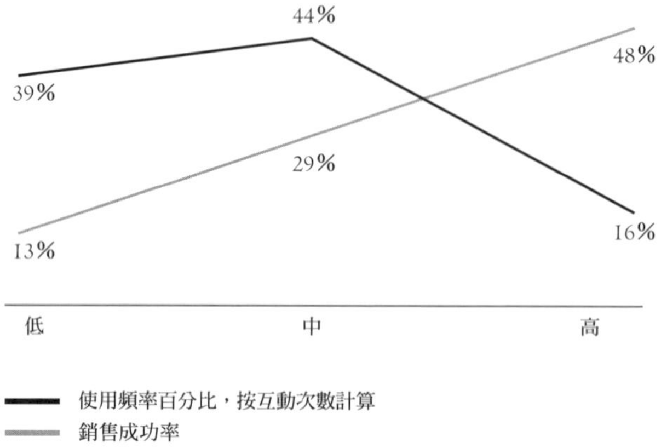

圖4.4　建議技巧的使用頻率
以及對銷售成功率的影響

因此很低，只有13%。業務使用其中至少一項技巧時，成交率立刻上升到29%，比研究的平均值高；兩項技巧都有用到的較罕見（16%），但這時，成交率則暴增到了48%（見圖4.4）。

分析結果毫不令人意外：如果客戶**不是**重度猶豫的話，這兩種**建議**技巧可以大幅改善銷售成功率。在客戶低度猶豫的情況下，建議技巧使用度高和使用度低的案子在成功率上有著明顯差距（見圖4.5）。不過本章所討論的技巧在任何情況下，都自然可以帶來成效，不只是對「容易處

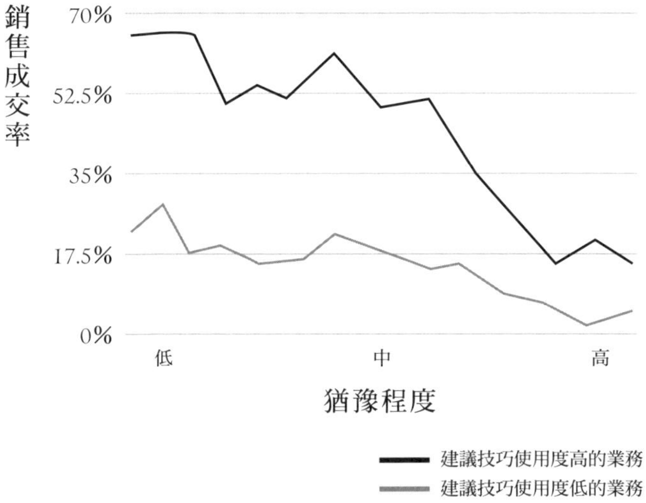

圖4.5　建議技巧對銷售成功率的影響
（按客戶猶豫程度呈現）

理」的客戶有用而已。在最困難的通話中（客戶最猶豫不決的情況），成交率更是倍數激增，確切而言，增幅是530%。客戶極為猶豫時，成功率的絕對值永遠會比較低，所以這麼大的增幅也顯示，普通業務如果遇上高度猶豫的客戶，會完全被擊潰。要是碰到高度猶豫的客戶，業務對建議技巧的使用度又低，銷售成功率會掉到2%以下；相較之下，頂尖業務則還是能靠建議策略補救，拿下13%的案子。

如何避免加重客戶猶豫

利用上述技巧提供有力的建議是很重要沒錯，這樣的意見能幫助客戶克服猶豫，做出決定；不過知道什麼行為應該避免也一樣重要，甚至更為關鍵。

一般來說，普通業務在遇到不知該買什麼的客戶時，並不是給予建議，而是把更多的問題丟回去：「你覺得什麼最重要？」、「你希望方案中有什麼樣的功能？」、「有沒有什麼問題是我可以回答的？這樣或許可以幫助你做決定。」這些業務會如此回應，是因為他們受的訓練就是這樣；他們不曉得要引導客戶，把對方帶往決策方向，只會對客戶唯命是從，導致猶豫更加猖狂。長久以來，業務已經很習慣在客戶提出需求後，才被動地給予回應，就像膝跳反應一樣，幾乎已成了本能，所以也不懂得告訴客戶他們需要什麼。

當然就理論上而言，判斷客戶所需、詢問評估性問題並不是**壞事**，畢竟我們的研究結果也顯示，在業務談話之初就問這些問題，對銷售成功率有正面影響，因為業務能瞭解客戶在接洽前有過哪些經驗，又學到了什麼，藉此調整策略。但如果客戶已經很猶豫，明顯不知道在眾多選項中，該選哪個才對的話，那這樣的處理方式則會適得其反，而且反效果可能會很嚴重。我們的研究顯示，業務如果既評估需求，**又**提供個人建議，銷售成功率是36%，比所有業務通話的平均值26%高出許多：可是一旦業務開始進行「開放式評估」，只詢問需求但不給予任何建議的話，成功率則會大跌至14%（詳見圖4.6）。

在一通又一通的電話中，我們都發現普通業務一再錯過客戶透露出的線索，沒發現對方只是想要有人**告訴他們**該買什麼，給予他們進到下一步所需的信心，到了最後，幾乎每件案子的結果都是客戶的一句：「還需要再想想。」

結論

我們在第一章曾說過，評估問題（也就是如何衡量不同的選擇）是造

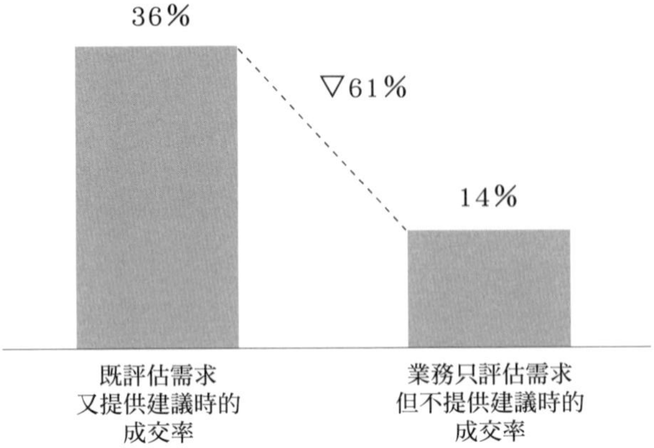

圖4.6　「開放式評估」對成功率的影響

成猶豫、困擾客戶的三大因素之一，賣方如果想讓客戶做出購買決策，勢必得要處理。

社會科學研究顯示，過多選擇會使客戶不知所措，原因有幾個：第一，選擇多代表選錯的機率也高；第二，可能會使人在購買後感到後悔，或許是覺得自己的決定是將就，也或許是認為如果當初再等一下，把事情再想清楚一點，就能做出更好的選擇；第三，這畢竟是客戶的選擇，要是結果不佳，他們也只能怪自己。

頂尖業務會雙管齊下地使用主動引導和背書技巧，提供有力的個人建議給客戶，對抗造成猶豫的評估問題，減輕客戶做決定時的負擔。賣方如果告訴客戶他們選的沒錯，而且其他客人對這項方案也很滿意，就能緩解客戶害怕選錯的恐懼；同理，業務若是能有自信地建議最適合客戶的選擇、配置或者套裝方案，那客戶也比較不會擔心自己是將就，或覺得再等一下，就能做出更好的選擇；此外，業務親自為特定的選項背書後，客戶也比較能放得下心，不再那麼害怕**自己得獨自承擔**做錯決定的後果——「這個方案如果無法讓你百分之百滿意的話，那就怪我吧——但我知道你一定會滿意的。」

業務聽完「自信給予建議」的做法後，應該會對這項策略頗為信服，但數十年來的訓練和指導都提倡相反的做法，所以也難怪多數業務在發現客戶受評估問題困擾時，都會反過來問客戶想要什麼，想順從對方的偏好，並且把重點放在如何分析、回應這些需求。客戶即使有表達自己不確定該怎麼做，卻仍無法在解決評估問題這方面得到任何進展，最後大概還是一樣困惑。

在下一章中，我們會探討造成客戶猶豫的第二個因子「缺乏資訊」，並提供研究結果，說明頂尖業務如果遇上永遠都想再做更多功課的客戶，會如何應對。

第五章　限縮探索範圍

客戶會想要自己做功課是很正常的，如果正在考慮的方案有一定的資金需求、風險，或是會顛覆現況、造成公司行事方法改變，那他們就更會想多研究了。但客戶究竟需要多少資訊，才**足以**做出決定呢？從經驗法則來看，不妨參考「P＝40－70原則」。

這個概念是由柯林・鮑爾（Colin Powell）上將提出。鮑爾是參謀長聯席會議主席兼美國國務卿，在生涯中經常談論並透過著作說明領導原則。「我建議參考P＝40到70公式，」他解釋道，「P（probability）代表成功的可能性，後面的數字則是取得的資訊量。如果已經收集40％到70％的資訊，那就照直覺去做吧。」根據鮑爾的經驗，在資訊不足40％時做決定是亂猜，等到超過70％時還不決定的話，就是在拖延了。「如果做對的機率低於40％，請先不要輕舉妄動，」他說，「但也別一直收集資料，等到百分之百肯定才行動，因為這樣通常為時已晚。打著收集資料的名義過度拖延，會造成『分析癱瘓』，號稱是為了降低風險而一再耽延，最後反而會使風險增加[1]。」

這個原則聽起來很有道理，但業務卻經常發現客戶根本不遵守。我們訪問的頂尖業務認為，客戶如果提出過多要求，就代表他們希望感到更肯定後再做決定，譬如要求為同一組人馬一再提供操作示範，多次和其他客戶確認使用經驗、一再請賣方修改提案等等。當然啦，這種現象的諷刺之處，在於客戶大概也**知道**他們不可能吸收市面上的所有資訊，在絕對肯定的情況下做選擇，但還是常會想要嘗試。其實客戶做了一定的功課後，資訊量就足以決策了，這時的問題就會變成：客戶是不是也知道他們已經掌握了足夠的資訊？

所以頂尖業務是如何避免客戶浪費力氣、像陀螺一樣空轉呢？

我們研究業務通話後發現，他們會運用三種技巧來限縮客戶的探索範圍：主導資訊方向、預測需求與反對意見、徹底坦率。

主導資訊方向

要想控制客戶不斷找資訊的欲望，對賣方來說，最重要的大概就是控制資訊方向了。業務的目標並不是要防止客戶自行做功課（畢竟哪防得了），而是要為自己打造出相關知識專家的形象，讓客戶覺得他們是學習之路上值得信賴的導師。這樣一來，客戶就會認為以公司正在考慮購買的產品或服務而言，業務懂得遠比自己多，而且業務已經**替他們**做過研究，他們不必再去多查，所以也會變得比較放鬆，相信自己會受到很完善的照顧。對頂尖業務來說，最重要的就是要避免客戶想自行成為專家，結果白費力氣。

透過分析，我們歸納出幾個主導資訊方向的技巧。首先，研究中的頂尖業務很少會把話語權交給公司的其他同事。說得具體一點，我們發現這些業務在談話時比較不會依賴方案工程師、產品經理、客戶成功經理等相關知識專家，相較之下，表現普通的業務則會在很初期的階段，就請內部專家加入談話。

我們針對這項發現訪問了一些頂尖業務，他們的觀點帶來很大的啟發。「我們內部有很多專家，」其中一人這麼說，「但我一請他們參加，在客戶心中，**我**專家的形象就會弱化。不是有句話這麼說嗎？『說話像什麼身分，就做什麼身分的事』，我希望客戶一直把我視為產品知識的專家，從我這裡取得資訊，如果我失去那樣的地位，他們就會認為我也不過是個看起來光鮮亮麗的管理員，然後開始自己查資料，不再把我看做值得信賴的顧問或導師。所以，我要請同仁參與時，都會很謹慎地挑選時機和場合。」我們訪問的一位業務主管說得很簡明扼要：「如果沒辦法把產品介紹得很讓人信服，還需要別人幫你，那就無法為客戶帶來太多價值，客戶也不會想花時間在你身上。」

第二，我們發現頂尖業務即使**真的邀請了**其他同事參與，他們讓這些專家在業務通話中發言的時數比例，也遠低於普通業務。一位製造業的頂尖業務與我們分享她是如何和相關知識專家合作：「在情況超出自己的能力範圍時，趕緊去請專家來幫忙是很重要的，畢竟他們對客戶想討論的主題或問題比較瞭解。如果不知道答案，絕對不要裝懂。不過我請同仁參加我的銷售會議時，都會先跟他們開個準備會議，確切告訴他們應該在談話的什麼時候接手，確保大家都知道自己要跳出來回答問題或提供意見，然後主導權交還給我。這樣，客戶就會認為我懂得去找資源幫他們解決問題，不是自己無法處理，才拉其他人來幫我討論。」

這位業務也表示，她會盡自己所能地記下這些複雜問題的答案，這樣下次就不必再仰賴專家，比較可以靠自己把案子談成。「我的方法和多數同事不同，他們常會在做完介紹後，就直接把球丟給產品知識專家，讓對方主導和客戶的討論。對業務的可信度來說，這就是最嚴重的損害，而且專家通常都很討厭業務這樣，因為賣東西明明是我們的工作，這下卻變成他們得承擔了。」

第三，我們發現在銷售初期，頂尖業務比較會主動給建議，告訴客戶可以參考哪些額外的閱讀素材和資料來源，加快學習速度，而且重要的是，他們通常都**不是**提供自家的行銷素材或觀點性內容。譬如一位頂尖業務就在通話中為客戶提供了閱讀清單：「我有許多客戶會上網『自學』，瞭解這項技術，但網路資訊很多，可能不容易消化，導致大家最後更困惑，所以我想跟你分享幾個連結，每次有人剛開始認識這項技術，我都會推薦給他們。有一些文章和Podcast我自己很喜歡，是產業分析師用簡單好懂的方式解釋技術的運作原理，有哪些不同使用情境，在評估供應商時又該注意什麼。我很鼓勵你稍微花點時間參考這些內容，並分享給其他同事，這樣應該可以快速摸清入門知識，加快學習速度，並開始去思考一些你會想知道答案的重要問題。」

當然啦，在客戶掙扎時提供有說服力、又有資料依據的觀點，是需要靠經驗磨練的能力，不過在訪談中，頂尖業務也勸誡新手（或是新加入某間公司的銷售人員）不要認為這個標準太高，無法達到。其中一位受訪者認為，對於剛入行的業務來說，花時間去瞭解自家、競爭者和市面上的產品，是最重要的功課，並表示她剛加入新公司時，發現內部習慣把所有產品示範都交給方案工程師負責，「在我之前待的公司，所有業務都得負責替自己的客戶示範，所以我剛來時很訝異，因為產品**不像**我之前賣的那麼複雜，卻沒有人知道如何操作給客戶看。我跟經理說想親自示範，一段時間後，他才終於讓步。一開始，我就花了很多時間，把自己訓練得跟方案工程師一樣熟練，可以帶客戶完成整個操作流程，其他人看到我這麼做有效以後，也都跟著改變做法了。」

另一位資深業務則表示，他往往會鼓勵新人要「記住自己是產品相關知識的權威」——「我們賣東西的對象都是財務長，會害怕是很正常的，畢竟他們在這職位上的年資，大概比某些業務活著的時間還久，但重點是：對於該怎麼當財務長，他們的確是懂得比較多沒錯，可是如果說到我們的產品和技術，就算是資歷最淺的業務，也都遠比任何潛在客戶來得瞭解。新進的業務只要記住這點就行了：客戶並不是要你教他們怎麼把工作做好，只是因為對技術不那麼熟悉，需要你協助他們做出正確的決策而已。」

主導資訊方向是很關鍵的技巧，即使是比較沒經驗的業務，也能用來限縮探索範圍，避免客戶陷入死胡同。

預測需求與反對意見

頂尖業務之所以能限縮探索範圍，第二項關鍵行為是預測客戶需求和反對意見。

不過在討論客戶沒說出的需求和反對意見前，我們要先探討在客戶說出需求和反對意見後，頂尖業務會如何處理。事實上，我們在資料中發現，頂尖業務和普通業務最大的差異之一，就是他們在客戶表達反對時的處理方式。在業務談話中遭遇客戶反對，是無可避免的事——在研究中，我們發現包含客戶反對的通話比例高達69％，相當驚人，而且在單純的交易型銷售中特別常見。這些多半是客戶**其實可以**自行購買，但卻選擇打電話找業務談的案子。客戶之所以會決定打電話，通常是對產品有某些意見，放不下心，所以在通話中自然會經常表達出來。在比較複雜的銷售中，客戶反對的情況比較沒那麼明顯，但常常是到了後期才浮現，因為這時客戶心中會萌生猶豫，開始思考簽下合約會帶來何等程度的影響。

在這部分，研究數據出現了一個奇妙的差距。反對意見提出後，業務確實經常會反駁沒錯，在52％的銷售互動中都有這樣的現象，但和客戶表達反對的頻率相比，卻低了十七個百分點——許多客戶明確說出反面的看法後，業務完全沒有辯駁，這對成交率而言，可說是終極殺手（詳見

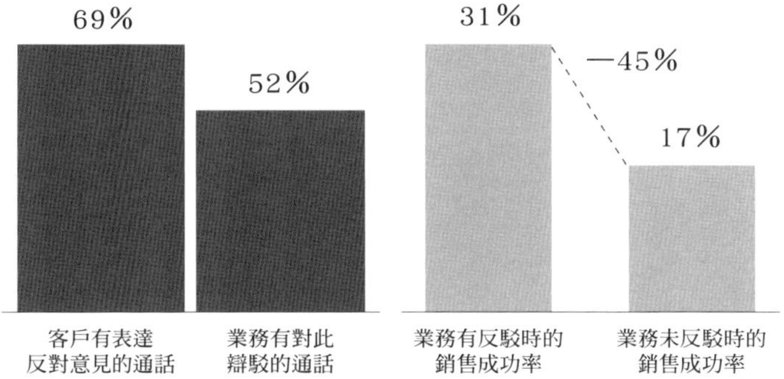

圖5.1　客戶反對和業務辯駁的頻率；
辯駁對銷售成功率的影響

圖5.1）。提醒各位，在本研究的銷售互動中，平均銷售成功率是26%，反對意見的存在，是拉低成交率的最大因素之一。不過，業務只要反駁，成交率就會上升至31%；完全不反駁的話，則會降至17%，跌幅將近一半。

我們在研究中發現，頂尖業務不只會處理客戶的反對意見，有時也會預測他們即將提出反對，並設法先解決——與其說是反駁，倒比較像先發制人。這些業務會時時刻刻留意「默不接受的隱形跡象」，譬如客戶口氣改變或說話停頓，他們就知道情況可能不對，客戶或許不會買單。我們在許多案例中發現，頂尖業務會捕捉客戶流露出的細微線索，像是沒說「瞭解」，反而是說「嗯，我想也是」，這時，業務會暫停談話，評估客戶是否認同。「抱歉問你這個，」一位聰明的業務問道，「但我覺得你似乎沒被說服。如果有疑慮，希望你能告訴我，這樣我們才能把事情攤開來談，我不希望產品的任何細節讓你不放心，這是我最不想看到的狀況。」

採取這種主動聆聽技巧，留意客戶開始動搖的跡象，可以帶來很顯著的成效。在研究中，我們發現頂尖業務搶先出擊時（客戶還沒有明確表達反對時就先回應），銷售成功率有40%，比平均值高出許多。這項技巧會有效，其中一個原因在於業務如果先發制人，代表他們**真的知道**客戶在掙扎什麼，代表他們自己經歷過也看過其他客戶為了相同的選擇苦惱。事實上，這還會讓客戶覺得他們並不孤單，不是只有自己在猶豫。

要注意到這些細微的線索，固然需要很強的主動聆聽技巧，還必須具備訓練有素的雙耳，但還必須要有面對緊繃氣氛的泰然，多數業務是做不到的[2]。我們發現，即使客戶顯露出退縮的跡象，在大多數情況下，業務仍會自顧自地繼續推銷，完全不會停下來根除客戶的猶豫。從許多層面來看，避免提起壞消息是人類的本能，但頂尖業務似乎就是不怕打開潘朵拉的盒子，釋放出客戶的疑慮、恐懼和反對，而且還會直搗核心。他們知道客戶即使沒說出反面的想法，案子也有可能因此泡湯，所以察覺到客戶猶豫時，不會害怕詢問，反而會釐清對方為什麼持反對意見，然後十分坦然地直接表示他們不同意客戶的看法，指出對方誤解的地方，或消除客戶不該有的疑慮。

我們訪問了一位物流業務主管，她說這種預測需求和反對意見的能力，就是她旗下王牌業務脫穎而出的原因：「如果業務跟客戶說：『我猜你可能對○○很好奇』，或是『通常在這個階段，許多人都會擔心○○○。』這樣最能帶來信心了。客戶評估我們這類型的服務時，可能會覺得很可怕、不知所措，因為我們導入服務後，幾乎都會全面取代客戶自行開發的流程或舊有的程序，而且現在又有很多不同廠商提供類似的平台，客戶肯定看得頭都暈了。這時，業務如果能預測到客戶擔心的問題，讓他們知道自己會這麼想很正常，那他們會寬慰不少，心情也會放鬆許多。」

徹底坦率

頂尖業務之所以能限縮探索範圍，也是因為他們能執行第三種行為：對客戶徹底坦率。

「徹底坦率」這個詞，是前Apple及Google經理人金・史考特（Kim Scott）所提出[3]的。她在書中說明了主管和下屬互動的四種方式，而我們則把她提出的架構套用到業務和客戶之間的互動，思考這四種模式對限縮探索範圍而言有何具體影響（見圖5.2）。

史考特架構中的兩個面向分別是「直接挑戰」和「個人關懷」，其中的第一種互動風格是「假意操弄」，這種業務比較在乎自己和自身利益，會選擇保持沉默、對客戶要求照單全收，不會坦白地直接挑戰客戶，即使客戶一再索取更多資訊、追問後續問題，或要求賣方提供有助制定決策的數據，他們都會微笑點頭，但掛上電話後立刻就跟同事說起客戶壞話。我們訪問的一位經理就表示，她團隊中有個業務就是愛碎嘴出名的：「他常在掛電話後馬上開始抱怨客戶想再做一次示範，或再打一通確認電話，說

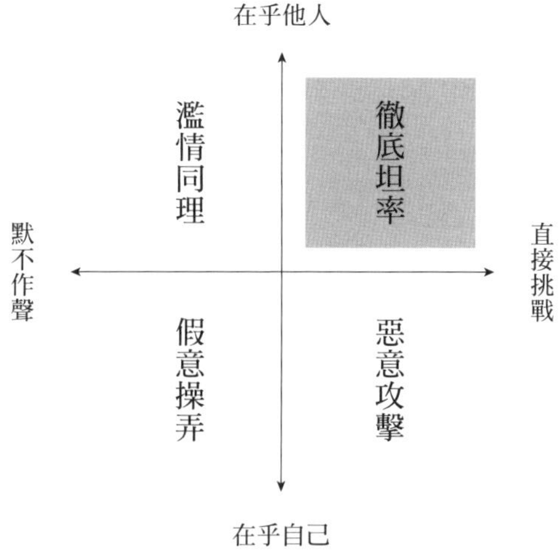

圖5.2　四種互動模式[4]

這樣有多浪費他和客戶雙方的時間……但諷刺的是，從來都不直接告訴客戶。」

史考特提出的第二種互動風格是「惡意攻擊」。這樣的業務敢於直接挑戰客戶，但並不是為了維護對方的利益，只是為了自己好而已。長久以來，業務常給人無禮又窮追猛打的印象，受人輕蔑，大概跟這種互動風格最有關。「每個業務團隊都有幾個這種人，」一位企業安全長這麼告訴我們，「總是會過度推銷方案功能，叫客戶買他們根本不需要的額外服務。」在我們研究的業務通話中，這種手法很容易辨識。惡意攻擊型的業務通常不會**限縮**探索範圍，而是直接**踐踏**探索過程——在客戶發問或要求更多資訊時完全無視，即使偶爾理會，態度也往往很瞧不起人，導致客戶侷促不安，覺得自己一開始根本不該提出問題或要求。這類型的業務認為做生意的「正解」，永遠都是客戶必須馬上買、買更多，只要對方顯露出一點點的猶豫，他們就會立即使出FUD戰術。

第三種互動是史考特所說的「濫情同理」，這種業務非常關心客戶利益，但不敢把想法告訴客戶，深怕冒犯到對方或改變現況。我們在研究中訪問的一位業務表示，這樣的業務就像是《挑戰客戶，就能成交》書中的「客戶關係型業務」（Relationship Builder），真的很在乎客戶，想盡其所能地讓客戶開心，即使心裡知道有些事對客戶不是最好，也仍會去做，不會把內心的想法說出來，怕會導致關係變緊張，最後案子完全告吹。」聽這種業務講電話時，會感覺得到他們**想要**說些什麼，說客戶提出那些要求只是浪費時間、白費力氣，對決策並沒有幫助，但卻什麼都沒說。

最後一種風格叫「徹底坦率」，也是史考特認為最恰當的方法。採取這種策略的業務希望替客戶創造最大利益，在對方走錯方向時，會勇於說出事實，也不會害怕在客戶做錯或即將犯錯時告訴他們。在研究中，我們發現這樣的業務是很專業沒錯，但如果認為客戶的要求沒有意義，或他們想要的額外資訊無益於解決問題，也會很堅定地告訴客戶。在某通電話中，一位 SaaS 公司業務就在客戶要求再做一次操作示範時，告訴對方這麼做對大家來說都很沒效率。「我真的很不想浪費貴團隊的時間，所以必須坦白告訴你，就算再做一次示範，你們看到的東西也都會跟之前一樣。不過我也知道你還沒準備好要進到下一步，所以不如我們討論一下原因，看看我能不能幫助你替公司做出最恰當的決定，不管你最後決定買我們的方案或用別的服務都沒關係。」

這個例子突顯出一個重點，徹底坦率地限縮探索範圍，並不只是「實話實說」，告訴客戶他們在浪費時間。採行這種策略的業務一**定**會問許多後續問題，釐清客戶提出要求的真正原因。這種技巧有點類似豐田佐吉（Sakichi Toyoda）為豐田生產程序開創的「五次為什麼」方法[5]。豐田提倡的「五次為什麼」很著名，他認為必須要先問五次「為什麼？」，才能追出問題根源。

面對過度索取無謂資訊的客戶，普通業務可能會欣然縱容，但換作是頂尖業務，則會去探究客戶提出要求的原因。因為他們知道對方心裡可能有沒說出口的反對意見、可能還有些猶疑，才會有那些要求。雖然嘴上說是想要額外的參考資料，但其實大概只是為了拖延而已，所以就算提供了再多資訊，也無法**真的**化解客戶內心深處的疑慮。因此，他們會從根本發問，瞭解客戶在擔心的到底是什麼；致使客戶提出要求的，又究竟是什麼？

研究中，我們一再聽到頂尖業務請客戶清楚解釋提出要求的動機，希望對方說出心中的疑慮，然後對此討論、處理。「當然沒問題，我們可以安排你和之前的客戶確認服務品質，」其中一位業務表示，「但在那之前，我想先瞭解你想確認哪些事項，或許我們可以用其他方式解決你的問題或疑慮。」另一位業務則告訴客戶：「我知道你希望由另一位客戶來告訴你，給你信心去相信結果會如你預期。我沒有惡意，但可以問你一個問題嗎？如果那位客戶確認他們的成效確實符合你的預期，那這樣就真的能說服你購買了嗎？又或者是有其他事情讓你猶豫呢？」

我們在第四章已討論過，頂尖業務**不僅**會探究客戶索取額外資訊的原因，也會主動推薦更好、更有效率的方式來消除客戶疑慮，譬如在某通電話中，一名業務就問客戶為什麼又想再找賣方服務過的其他公司確認，「如果必須透過這種方式，才能給你信心進到下一步，那我們當然願意，但我有點擔心即使再確認一次，也很難解決你的疑慮，而且坦白說，換一個客戶來告訴你，內容可能也跟上次差不多。你可以告訴我你在擔心什麼，這樣我才能幫忙想出最好的解決方式。」在另一通電話中，客戶表示想要某些數據，用來制定決策，業務詢問背後動機，並認定對方正在猶疑不定後，建議了另一種做法：「原來是這樣，我瞭解了。我覺得再跟產品團隊開一次會，對問題可能不會有太大幫助，或許還有別的方法更能滿足你們的需求。」

乍看之下，業務可能會覺得徹底坦率很可怕，怕這種方法會造成和客戶不必要的摩擦，但這種方法其實是以同理心為基礎，並以客戶的最大利益為指導原則。在我們討論的情況中，減少效率低落又令人挫折的無謂探索，就是對客戶最有幫助的事了。

兩種談話風格

頂尖業務說話時，**聽起來**就是不一樣。以我們的研究資料而言，普通業務在談話過程中都是聽客戶說話比較多，只有在客戶發問時，才比較會提供產品和市場方面的見解；相較之下，頂尖業務展現專業知識時則有自信得多。普通業務會等到被問時才發言，頂尖業務則會主動找機會和客戶分享自身經驗與知識——促成了很有趣的研究結果。事實上，優秀的業務在開會時，話會說得**比客戶多**，這和一般認知及傳統業務訓練的教導都恰好相反（詳見圖5.3）。

多年來，業務所受的訓練都是要少說多聽，這在銷售領域已是老生常談，近年來，又因智慧型對話分析公司的行銷內容而再度浮出檯面，但我們審視銷售成功率後，卻發現結果恰好相反。在研究中，成交的案件，業務在通話中說話的時間平均占58%，在失敗的案件裡，業務說話的時間則

	業務說話時間 在雙方互動時間中的占比
成交	58%
失敗	52%

圖5.3　業務在成功和失敗案件中的平均說話時間長度

占52%。業務在這些談話中說了**什麼**，當然很重要，如果只是隨口聊天或說些無關的資訊，那成交率必然很低。但可以肯定的是，業務如果擁有能為客戶帶來價值的專業知識與看法，就應該大方說出來才對。這並不代表業務在銷售通話中不必聽客戶說話。要想把業務做得好，主動聆聽當然是不可或缺的一部分，但研究結果也清楚顯示，業務應該有自信地積極展現自己在專業領域的知識。

不過，頂尖業務並不只是話說得比客戶多而已，他們和客戶互動的**方式**也很令人訝異。和表現普通的業務相比，他們認為應該把談話拉回正軌時，會勇於打斷客戶或在對方說話時直接插嘴。這不僅和業務訓練教的相反，似乎也有違父母告訴我們的禮貌原則。事實上，業

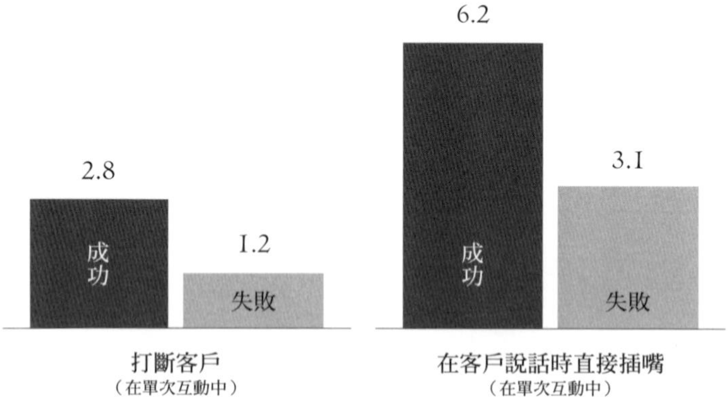

圖5.4　業務在成功和失敗案件中
打斷客戶及插嘴的次數

務在**成交**案件中打斷客戶或在客戶說話時直接插嘴的次數，是失敗案件的兩倍（見圖5.4）。

或許會覺得這樣很沒禮貌，但實際並非如此。這並不是沒禮貌地打岔或在客戶發言時同時說話，而是語言學家所說的「合作性重疊」（cooperative overlapping）。這個詞是美國喬治城大學（Georgetown University）語言學教授狄波拉・譚寧（Deborah Tannen）發明的，她表示「合作性重疊指的是聽者開始和講者一起說話，並不是要打斷對方，而是為了顯示他們很投入於對方正在講的內容[6]。」譚寧認為，我們也可以把合作性重疊想成「熱烈式聆聽」（enthusiastic listenership）或「參與式聆聽」（participatory listenership）[7]。也有人認為這項技巧其實就是**平等地和他人溝通**，而不是**單方面大發議論**，如果缺乏合作性重疊，可能會在無意間讓說話的人感到孤獨[8]。

有個概念很關鍵，業務必須瞭解：聆聽在銷售中是很重要沒錯，但如果想成交，更重要的其實是參與度。

客戶猶豫時，需要業務主動投入談話中，幫助他們克服難關。有太多業務經常只是安靜地聽，認為對客戶服從比較有效。然而，雖然聆聽的確很關鍵（尤其是在銷售初期，著重瞭解客戶和他們需求的時候），但如果什麼都不說，則會讓客戶覺得你並沒有把他們說的給聽進去。頂尖業務進行銷售通話時，往往都是全然投入的。所以業務在面對客戶時，應該要不吝分享自己的專業知識，不要害怕發言，並採取「合作性重疊」的技巧；但也別誤以為插話或打斷客戶，他們就會買。

在頂尖業務的通話中，「靜默時間」很有限。客戶在表達想法時，業務會用言語讓他們知道自己有聽進去，譬如「一點也沒錯」、「我懂你意思」、「對，很有道理」、「當然，我也同意」、「真有趣」、「嗯，好的」和其他許多說法，為的就是證明客戶說的**每一個字**他們都有聽到，我們在研究中，發現這些用語確確實實地出現了好幾千次。客戶停頓時，這些業務也會不害羞地插話，有時是幫客戶把話說完、問問題，有時則是分享例子、把聽到的事換句話說，或是改變談話方向。

在繼續之前，先簡短討論一下「刻意沉默」。這項技巧行之有年，許多業務都學過，不過實際應用時必須小心。有時候用在業務通話裡，**可能**很有效（譬如問完明確的問題後，給客戶充足的時間回答，或是說出價格或專有名詞後，給他們時間吸收），但我們的資料顯示，隨著沉默拉長，效果也會遞減（見圖5.5）。完全沒有沉默（占通話時間不到8%）或沉默時間過長（占比超過30%），都會導致成交率下降。前者可能讓客戶覺得插不上話，後者則會使人認為業務其實不瞭解自己在說什麼。比較理想的沉默時間，占通話的8%到17%，成交率達30%。可見業務**適度**地刻意沉默時，確實能帶來期望中的效果，但沉默過長或過短，則都應該盡量避免。

事實上，我們發現，最糟糕的情況就是業務被客戶的發言難倒，不知

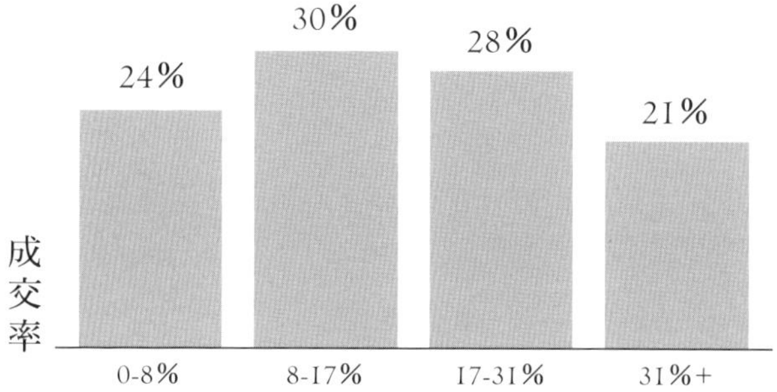

圖5.5　業務沉默的時間；
依占互動時長的百分比計算四分位數

該如何回應，彷彿鹿被車頭燈照得倉皇失措。我們的研究模型顯示，業務沉默之後，如果又顯露出困惑的跡象，銷售成功率必然受到嚴重打擊。

結論

資料清楚顯示，業務如果能限縮探索範圍，確保客戶只在合理範圍內盡責地做好功課，成交機率會高出許多。業務如有實踐本章討論的行為，成交率是42%；相反地，如果放任客戶無止境地找資料，完全沒有陪伴引導的話，成交率則會大幅跌落至16%（見圖5.6）。

對業務來說，客戶在做決定前一再

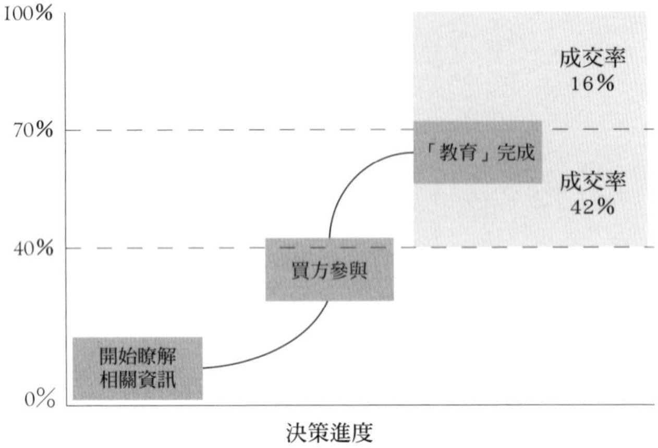

圖5.6　限縮探索範圍
和放任客戶不斷找資料的銷售成功率對比

想找更多資料來參考，是很難的問題。要想抑制客戶不斷想多找資料的欲望，業務必須做到三件事。第一，主導資訊方向：銷售人員要把自己塑造成客戶眼中的產品權威，不要把這個角色讓給公司的其他人員，像是相關知識專家或方案工程師。如果請其他同事一起解決客戶的問題或疑慮，也要把對這些人員的依賴程度降到最低。第二，業務要能預測需求和反對意見，讓客戶覺得自己在跟專家說話，覺得業務之前在服務其他客戶時有過類似的經驗，能幫他們處理一些該注意的事，換做是他們自己做決定的話，可能留意不到。最後，頂尖業務還會靠著徹底坦率的態度，限縮探索範圍。客戶索取過多不必要的數據或資訊時，他們不怕「直接挑戰」對方，探究客戶為什麼想取得這些資訊，並建議更好的處理方式。

我們比較頂尖業務和一般業務主持的銷售會議時，發現兩組的風格截然不同。頂尖業務會毫不猶疑地分享專業知識，並且在客戶說話時使用「合作性重疊」技巧，不會讓通話中出現尷尬空檔。他們並不是採取說教或訊問的態度，而是投入地與客戶進行平等的主動式對談——就好像是認識很久的兩個好友之間，那種充滿活力的對話。最重要的是，頂尖業務在說話時，會讓人覺得他們是真的很在乎客戶想說些什麼，而且也很有信心，相信客戶對他們要分享的事也一樣感興趣。

第六章　消除風險

目前，我們已討論了客戶按暫停鍵，說他們需要「再想想」的兩個原因：缺乏資訊和評估問題。我們也探討了這兩個猶豫成因的由來，在業務通話中會造成什麼樣的現象，表現普通的業務在面對這些狀況時如何應對，而頂尖業務又是採取哪些不同方法來克服難題。

不過，我們在本章要討論的最後一項猶豫成因，在許多業務心中才是最難以應付、克服的問題，也就是「結果不確定性」。客戶要是擔心購買後無法獲得預期中的成效，猶豫狀況會最為明顯。

即使能說服客戶不必再多做功課，幫助他們在看似一樣好的選項中挑出很棒的方案，每位客戶簽下合約前，都仍會考慮再三，想知道花這筆錢究竟值不值得。買家多少都被賣方或言過其實的產品介紹騙過，餅畫得很大，結果卻不如預期。這種購買失敗的痛苦回憶會湧上客戶心頭，他們最想避免的，就是做出決策後造成沒預料到的損失，所以會認為與其費心力做決定，最後卻必須付出代價，倒不如什麼也不做。

我們在先前的章節中討論過，普通業務在面對其他兩種猶豫時，會根據受過的訓練處理。如果客戶表示想多做研究，他們會滿足這些要求，或以其他方式順應；客戶不知道該為自己或公司選擇哪項方案時，他們則會用試探性的問題評估客戶需求。那如果是面臨結果不確定性造成的猶豫，一般業務又會如何處理呢？

普通業務如果遭遇這種情況，如果驗證點、用戶評論、產業報告、向其他客戶確認品質和投資報酬率計算都沒用，如果客戶說還沒準備好，說害怕做決定後會後悔……這時，他們會使出由來已久的FUD說服術，也就是訴諸恐懼、不確定、懷疑。

「真的很感謝貴公司花在我們身上的時間。我們很被產品的價值說服，但還需要一點時間想一想，因為還是有點擔心能不能實現你們預估的效益。」客戶這麼說。這時，業務已無計可施，不知該如何終止客戶猶豫，於是只好在對方心中播下恐懼、不確定和懷疑的種子：「我瞭解……但我也真的很不想看到你們一直被舊的方案困住，錯過改善業務的機會。」簡而言之，遇到因為結果不確定性而猶豫的客戶時，普通業務的終極手段就是利用恐懼，試圖嚇得對方趕緊購買。

ＦＵＤ在銷售圈的歷史很有趣。雖然不清楚是誰最早提出這個詞，但這項技巧大概在業務這個行業誕生時（甚至在那之前）就已存在了。

不過，如果說到「為了達成目標而刻意使人產生懷疑」，其實莎士比亞在十七世紀初時，就已在劇作《奧賽羅》（Othello）中寫過。劇中的反派角色雅戈（Iago）因為奧賽羅沒幫自己升職，就企圖害他，讓他以為太太和別人有染，想毀了上司（兩人原本也是好友）。大約一百年後，組成ＦＵＤ的三個詞首次在英國學者兼牧師威廉・佩恩（William Payne）的文章中同時出現。「這將為他的心靈帶來無法形容的安慰、平靜與滿足，」佩恩寫道，「他不僅得以脫離危險、擺脫病態，思緒中對於這件事的所有懷疑、恐懼和不確定感也都消失了[1]。」他在寫這篇探討臨終悔改好壞處的論文時，大概沒有想到ＦＵＤ竟然會成為現代銷售的核心技巧之一。

當然啦，到了一九七〇年代，ＦＵＤ才真正成為銷售中常用的技巧，最早使用的大概是ＩＢＭ業務，為的是對抗新崛起的阿姆達爾公司（Amdahl Corporation）。後來在一九八〇年代，Microsoft（微軟）成了FUD戰術代表，打擊的對象就是IBM——說來實在頗諷刺——他們的目標是使消費者在比較Microsoft Windows 3.1和IBM的OS/2操作系統時，感到困惑、猶豫和懷疑。即使到了二〇一〇年，Microsoft都還在散播FUD式的資訊，企圖讓客戶對開放原始碼軟體產生疑慮，擔心這些軟體和Microsoft產品無法互通、出差錯時缺乏支援服務等等。譬如在某段影片中，他們就警告用戶：「如果開放原始碼軟體出問題，要由誰來修呢[2]？」

我們研究銷售通話資料集後，發現業務在利用FUD重申改變現況有多重要時，有四種不同風格，分別是主打迫切性、稀少性、沉淪感和孤立感。第一種風格是訴諸迫切性，利用限時折扣、優惠價格、條款或條件來製造恐懼。業務的目的是使客戶感到焦慮，覺得如果不趕快決定，正在考慮的產品或服務可能就會變貴。以下是研究中的一些例子：

- 「如果你還需要時間考慮，當然沒問題，但我也得跟你說，我們的費率會動態調整，要是晚點再打來的話，我們可能無法提供相同的價格了。」
- 「很可惜，這是限時優惠，下週就無法提供這麼多折扣了。」

- 「經理本來是認定這季會簽好購買合約，才核准這個價格的。很不好意思，到了下一季，我就不知道能不能給你同樣的價錢了。」

第二種風格是訴諸稀少性，使客戶覺得能買到心目中產品的時間有限，原理是人常覺得難得到的東西比較值得珍惜。羅伯特·席爾迪尼（Robert Cialdini）在他影響深遠的著作《影響力：讓人乖乖聽話的說服術》（*Influence: The Psychology of Persuasion*）中，就有把稀少性列在他的「六大說服術」中，並解釋道：「說到如何用稀少原則有效說服他人，科學研究結果已經很清楚了。只說選擇你的產品和服務能得到什麼好處是不夠的，還得指出你的提案有什麼獨特之處，如果不考慮的話，會有怎樣的損失[3]。」以下是研究中的例子：

- 「產品供貨時間有限，賣完以後，我也無法保證什麼時候會補。」
- 「今天簽約的話，可以安排兩週後安裝，不過接下來就要等兩個月了，這樣你會等很久，無法趕快得到我們討論的效益。」
- 「我們的年度活動已經開放報名了，但只限有訂閱的客戶註冊，而且已經快沒位子了，可能這幾天就會額滿。」

第三種風格的重點在於「沉淪感」，顧名思義，就是使客戶在對於現況的不滿和不快中感到沉淪。業務聽到客戶開始退縮，不做購買決策時，常會想提醒對方他們一開始為什麼會表達購買意願，藉此向客戶強調「維持現狀的痛苦」：

- 「我知道你和團隊都同意目前的做法並不理想，你確定要繼續這樣，不改用我們的方案嗎？」
- 「你對現在的平台這麼不滿意，我真的很不希望看到你們繼續困住，而且你們也不是沒選擇啊。」
- 「我知道你今天還沒準備好要簽約，不過我記得我們第一次聊的時候，你說情況真的很糟。光是在心裡想，是沒辦法改變實際狀況的。」

我們發現的最後一種FUD風格是主打孤立感。這種技巧的目的在於排擠客戶，讓他們覺得其他人都在進步，就只有自己彷彿被遺棄在孤島，孤立無援地承擔猶豫不決的後果。就許多層面而言，這是四種策略中最凌厲的一種，會導致客戶非常害怕可能的損失、產生怨恨的感受，對業務的信任也會就此破裂，所以可能對賣方造成嚴重的反效果。在通話資料中，我們發現這種FUD風格的許多例子。

- 「我不確定要不要告訴你，但根據我們團隊的預測，你們如果再拖一季才做決定，最多可能會損失一百萬美元。」
- 「如果不趕快把平台升級，你應該很擔心團隊受影響吧？我知道他們對現在的平台很不滿意……大家也都知道在這市場上，要吸引並留住人才有多困難。」
- 「你應該也知道，我們已經和貴產業的許多大公司合作了，所以我真的很不希望你們落後。」

無論業務是使用哪種類型的FUD，我們都彷彿能聽見他們的思考過程：**客戶顯然還不是真的認為現況有多糟糕，也不完全理解購買後可以獲得多大的價值。他們嘴上說知道，但心裡肯定不相信。我得施加更大的壓**

力，**讓他們瞭解不買會有什麼損失才行**。

當然啦，我們現在已經知道，客戶之所以**不買**，其實就是因為恐懼，所以業務想利用恐懼來迫使客戶做出購買決策，實在很諷刺。客戶擔心購買後的效益不如預期時，害怕的感受最是強烈。重申現況有多糟糕會和成交率呈現負相關，這就是一大因素，而這種策略最具代表性的手段，就是使出FUD說服術。

既然FUD是錯誤的方法，那該怎麼做**才會有效**呢？

減輕購買風險

在本書的前兩章中，我們討論了可能使客戶卡住的各種原因。有些人是因為怕選錯而猶豫不決，頂尖業務面對這種狀況時，不會問客戶想要什麼，而是會直接說出他們需要什麼，根據客戶的實際用途、所處情況或需求，**提供自己的建議**，替對方簡化決策。有時候，客戶則是怕沒做足功課而感到猶豫。在這種情況下，頂尖業務會**限縮探索範圍**，有效避免客戶掉進容易陷入的黑洞，因而浪費時間、一再拖延，遲遲無法完成購買程序。

結果不確定性是導致客戶害怕做決定的第三個原因，頂尖業務在面對這項因素時，又是如何克服呢？普通業務多半是靠ＦＵＤ伎倆，試圖嚇唬客戶趕快購買，但頂尖人才知道，客戶會掙扎無法決斷，真正的原因在於害怕做出決策後造成損失，至於錯過獲益的機會，他們**倒沒那麼擔心**。

頂尖業務知道，他們基本上就是在要求客戶放手賭一把，要求客戶相信決定後能改善現況、能賺錢或省錢、能更有效地減緩風險等等。但是，客戶腦海中會有股聲音悄悄地說：「小心為上，寧可遺憾也不要後悔。」他們會回顧過去失敗的購買決策，還有從同事及他人口中聽到的恐怖故事。表面上看來，賣方的解決方案似乎明顯可以改善現況，但即使投入了金錢、資源和時間，期望的結果還是有可能無法成真，到時就必須有人承擔責任，而名字簽在合約上、遊說上司或另一半買下產品的那個人，自然會成為眾矢之的。這會使客戶開始認真思考風險：會不會被炒魷魚？又或者只是做錯決定很丟臉？然後越發被猶豫的心態箝制：**這樣似乎很冒險……而且要花很多錢……真的值得嗎？我最好退一步，好好想一想這麼做**

到底正不正確。

相較於仰賴ＦＵＤ策略的普通業務，頂尖業務知道在這種情況下，如果想說服客戶前進，應該要**給他們因為做出購買決策而開心的理由**，而不是讓他們認為自己不買很糟糕。面臨這種狀況時，頂尖業務的目標是為客戶注入信心，而不是散播後悔的種子；他們希望客戶覺得可以當場答應沒問題，也知道達成這個目標的唯一方法，就是**消除風險**。

設定對結果的期望

在研究中，我們找出了頂尖業務消除決策風險的三項關鍵技巧，第一是設定期望值。一般而言，表現普通的業務常在銷售談話之初，就強調投資報酬率的預測值有多高，認為客戶無法抗拒（也或許是因為知道許多客戶都屬於「非得最好不可」的類型）。不過他們並沒有意識到，客戶越是覺得效益高到不太可能成真，到了該做決策時，就越容易擔心是否真能獲得這些回報。然而頂尖業務比較不會把重點放在「最大效益」（也就是**理論**

上可實現的最佳成果），而是會在初期就設定實際可信的期望值，譬如告訴客戶：「曾有類似貴公司的企業在用了我們的軟體後，生產力成長了三倍，但我覺得預估時，保守一點會比較好。我很有信心，相信生產力一定**至少**可以加倍，因為幾乎所有客戶部署後，都有這樣的成效，所以我們可以把這當成規劃基礎，之後如果超越這個數字，也不失為一個驚喜。餅畫小一點，最後拿出超乎預期的表現，總是比較好嘛。」

我們分析後發現，在研究測試的各項行為中，「設定期望值」對於銷售成功率有數一數二的影響。業務如果沒有適當設定期望值，成功率只有20%，比平均值低了6%（見圖6.1，順帶一提，這在我們的研究中是常態）。在81%的通話中，業務都完全沒告訴客戶該做何期望；在業務有設定期望值的罕見通話中，成功率則會衝到平均值的將近兩倍（51%），等同於155%的提升，顯示結果不確定性對客戶的束縛，也突顯出用這項技巧處理是多麼有效。

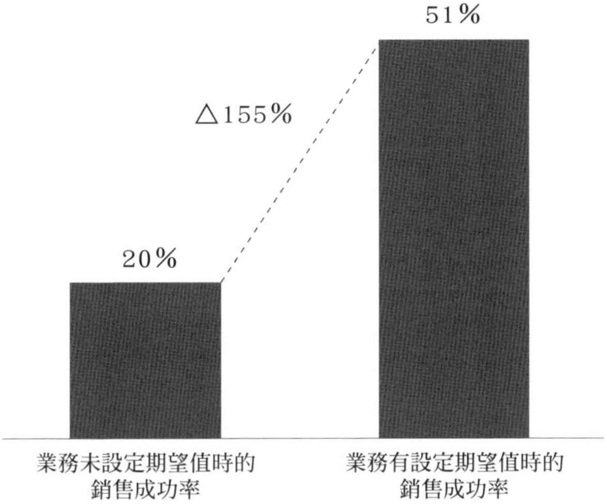

圖6.1　設定期望值對銷售成功率的影響

提供失敗風險防護措施

頂尖業務知道，為客戶提供安全網，遠比把他們推到懸崖邊（像是企圖用FUD激發行動）更有效。如果客戶擔心能否達成預期成效，那他們需要的是業務給予信心，而不是散播恐懼。

我們研究銷售通話後，發現在許多情況下，業務會運用彈性的方式為客戶創造安全網。在研究收集的單純交易型業務通話中，銷售人員的做法經常是確保客戶知道有一段時間能取消，之後可以變更方案或訂閱內容，或是有保證退款機制。「你聽起來好像還在猶豫，」某位業務說，「但我保證，你之後如果認為服務價值不如預期，隨時都可以免費取消。」

有趣的是，大家可能認為給客戶這種保證是理所當然，業務通常都應該會這麼做才對。只要客戶有那麼一點點可能因爲結果不確定性而猶豫，那主動提起這種安全網是很有意義的，業務又何樂而不為呢？但諷刺的是，我們發現業務其實很少用這種方式給客戶信心，在我們研究的所有交易型銷售通話中，業務這麼做的比例還不到15%。

為什麼？首先，業務收取酬勞的方式是原因之一，某些公司要等到取消期結束後，才會支付成交酬勞；也可能是因為業務受到「索回期」的限制——客戶如果在這段期間內退出，公司可以收回成交佣金。第二，有些業務可能擔心提起退出條款和相關保證之類的事，會導致客戶覺得連他們都對自己在賣的產品或服務沒信心，無意間又增加客戶懷疑的理由。最後，許多業務已太習慣依賴ＦＵＤ戰術嚇出客戶行動（例如「我實在無法想像你繼續使用這個產品，多用一天都嫌多」），突然要改變策略，為客戶提供失敗風險防護措施（譬如「別擔心，如果產品不適合，我們提供90天退款保證。」），聽起來可能不太真誠，甚至尷尬至極。

當然啦，在許多情況下，業務本身並無法承諾免費退貨期或退款保證，譬如這在複雜的B2B銷售中就很少見，因為供應商在替客戶設定並導入解決方案時，必須投入大量資源。在這種情況下，如果公司沒有授權業務提供終止條款等措施，那他們該如何給予失敗風險防護呢？我們分析後發現，頂尖業務會彈性使用多樣化的技巧，為客戶注入信心，跨越結果不確定性這道坎。

我們在幾通電話中發現一項技巧：業務會在簽下生意前，先制定詳細的專案計劃，內容包括相關負責人、里程碑、目標衡量方式等等，向客戶證明業務和賣方清楚知道方案能為他們帶來哪些效益。頂尖業務常在簽約的許久以前，就先開始制訂這樣的計劃：「我知道我們才剛開始和法務部門擬合約，大概還要幾個星期才會正式簽字，」某位業務這麼說，「但我希望可以先開始確立專案計劃、里程碑、負責人，還有前六個月合作的KPI。我們是按照先前投資成效最佳的客戶經驗來規劃，所以很適合用來當做發展藍圖，確保平台能為你們帶來預期中的成效，不冒任何一點出錯的風險。」

我們也發現，頂尖業務會鼓勵客戶使用賣方的專業支援服務，把這當做購買方案時的保險機制。我們訪問的一位銷售主管表示，他旗下有許多業務不喜歡建議客戶把專業服務納入合約，深怕這樣一來，客戶可能會認為光靠方案本身無法帶來效益，還必須加買服務才能發揮成效，價錢也比原先談好的貴。「但優秀的業務知道，客戶更關心的是能否獲得預期中的價值，建議加購專業服務能為客戶帶來信心，讓他們相信我們會全程提供支援與協助。」他解釋道。

另外我們也發現，頂尖業務會在合約上發揮創意，針對客戶特別擔心的層面降低風險。我們訪問的一位科技業銷售主管表示，他們公司曾有一位客戶就要簽下五年的合約，是很大的一筆交易，賣方平台會大規模導入買方業務的許多領域，但客戶對某個業務單位的導入程序很緊張，原因在於該單位是公司的金雞母，但長期使用舊系統，所以在新平台的實施上有很多未知數。到了最後一刻，客戶開始表示擔心導入時會出現未知問題，對該業務單位的表現造成負面影響。由於這個單位對客戶非常重要，再加上實際執行上的未知數，導致客戶心中升起了對結果的不確定感，整樁交易也有可能因而告吹。

由於賣方再怎麼跟客戶保證、再怎麼提供高層贊助都沒有用，所以業務主管提出了一個獨特的解決方法：替這個業務單位單獨制定一年的專屬合約，客戶可以隨時取消；至於其他部門的導入工作，仍按照先前說好的五年期進行，唯獨這個部門享有取消條款，如果使用成效不佳，客戶可以終止合約自保。雖然整體價格下降，業務主管仍提供原本同意的折扣以示誠意。他知道自家團隊會表現得很好，導入過程中如果出現任何問題，也會迅即處理——自方案推出以來，一直都是如此。話雖如此，提供這樣的終止條款能緩解客戶憂慮，讓他們不再那麼擔心重點部門執行計劃時會失敗，最後還得被合約綁住五年。這種做法能發揮關鍵功能，使客戶感到安心自在，能放心簽下合約。「我們在原先的協議上稍微讓步，努力讓客戶對使用後的發展有信心，」他解釋道，「為長期的合作關係鋪路，這樣雙方的關係會更健康、也更有效益。」

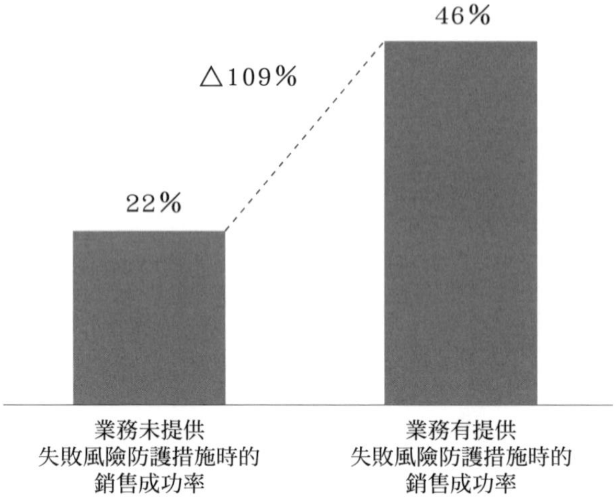

圖6.2　提供失敗風險防護措施
對銷售成功率的影響

業務如果能適當管理失敗風險，可以為銷售成交率帶來很大的提升。我們透過分析發現，業務如果有提供減輕失敗風險的選項，銷售成功率會從22%躍升至46%，整體而言改善109%（見圖6.2）。可惜的是，這個技巧雖能有效消除客戶猶豫（尤其是在客戶因為結果不確定性而躊躇時），登場的機會卻不多，在研究資料中，業務使用這項技巧的通話比例只有14%。

從小規模開始

最後一項發現和我們先前討論過的現象類似：頂尖業務會主動建議客戶從小規模開始，甚至比客戶希望的還小。在研究中，有位業務主管任職的公司是為住家和小型企業提供維修服務。他說客戶打電話來時，常會一股腦兒地說出一長串想買的東西（非得最好不可的心態又使人頭昏了），但聽到價格後，往往會說要「考慮一下」，然後掛掉電話。「如果要加購我們提供的所有選項，服務方案會變得很貴，」他解釋道，「客戶打來說要『Cadillac（凱迪拉克）』方案時，許多業務會直接報價，然後對方總會被金額嚇到。這時，業務才會開始建議刪掉方案中的一些服務。可是這麼做會導致客戶覺得自己是在妥協，買到的服務似乎沒那麼好，所以必輸無疑。另一方面，雖然聽起來有點矛盾，但表現最好的業務知道賣得少反而能賣得好。」這位主管表示，他旗下最強的業務在報價前，常會主動建議客戶**刪減**一些額外的服務，鼓勵新客戶從公司最受歡迎的幾項服務開始用，看他們是否滿意，並表示幾個月後會追蹤後續狀況，討論客戶是否想在方案中加入更多服務。客戶很感謝業務替他們把關錢包，業務也可以藉此避免客戶被價格嚇到。「表現普普的業務則完全相反，」那位主管告訴我們，「客戶開始描述心目中的『完美方案』時，他們眼裡只看得到錢，根本不會想到要建議客戶先從小規模開始。」

我們訪問的另一位業務主管任職於財富管理產業，他表示自己入行後很快就發現，雖然慫恿客戶全買可以賺比較多錢，但也會導致客戶對結果的不確定感嚴重加劇。後來他認知到，應該要提供多種選項給客戶比較好：「全買」、「試水溫」，以及介於兩者之間的適中方案。客戶可能會受大規模方案的潛在效益吸引，但他會積極引導客戶先採用中間的選項，讓他們知道這樣起步比較好。「當時我有很多同事沒想通這點，一心想追求大筆的訂單，只向客戶推銷最大、最貴、風險最高的方案，認為這樣可以迅速達成業績。但那種案子很難談成，就算真的成交，客戶也經常會馬上開始質疑自己的決定。那些同事現在多半都不在這兒了。」

這種做法與某些人定義的「成功銷售」恰好相反，在他們的認知中，如果不是「高品質的案子」（也就是量大價高，而且利潤豐沛的長期生意），都算是失敗。但資料很清楚地顯示：表現最好的業務會從小規模做起，而不是一開始就追求最大交易額，這樣長期下來，反而能賣得更多。

結論

如我們在本章所述，在造成客戶猶豫的原因之中，結果不確定性可說是最棘手、最難克服的因子。沒有客戶會想被丟下，並獨自承擔購買後效果不如預期的責任。即使**知道**做出決定能帶來效益，即使失敗的機率很低，他們仍會因此不願決策，這就是「規避損失」心理最極致的體現。

可惜的是，多數業務在面臨這最後一哩路上的客戶猶豫時，都會仰賴FUD戰術，試圖嚇唬客戶採取行動。他們並沒有意識到，引發客戶猶豫的其實是**恐懼**，把更多的恐懼加諸在人家身上，並不會帶來成交，反而可能降低客戶購買的機率。

頂尖業務知道，處理客戶對結果的不確定感時，不應該讓他們更害怕，而是要為他們注入信心。因此，這些業務會設定適當的期望值，並利

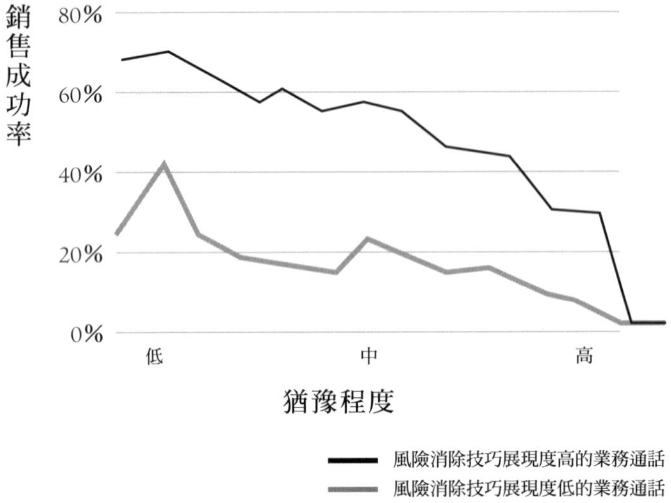

圖6.3　風險消除技巧對銷售成功率的影響
（按客戶猶豫程度呈現）

用彈性的策略為客戶降低失敗風險。這些策略有助克服結果不確定性，在幾乎所有情況下都能顯著提高銷售成功率，除非客戶已經確信購買後絕對不會有好處（詳見圖6.3）。在這類的極端案例中，客戶被猶豫癱瘓的程度，已經嚴重到他們把購買後的效益幾乎全部忽略，不過在走到這一步之前，頂尖業務通常都早已淘汰這些商機，不再把時間花在這樣的客戶身上了。

評估問題、缺乏資訊和結果不確定性這三種猶豫來源，我們到這裡已經討論完畢，也已探討明星業務們用什麼策略來因應這些問題：提供個人建議、限縮探索範圍、消除購買風險。

在下一章中，我們會綜觀前述的所有行為，探討採用「JOLT方法」的業務究竟有哪些不同於普通業務的獨特之處。

第七章　成為買方顧問

現代人大概很難相信，從前要預訂旅行（而且還不是很久以前），唯一的方法就是透過在地的旅行社。每個城鎮都有旅行社，如果是大城市，每過一條街可能就有一家。從許多角度來看，如果想旅行，除了請旅行社幫忙訂機票，以前的人沒有太多選擇，因為只有在地旅行社能使用專門的航空公司訂位系統，幫你訂票飛往目的地。隨著商務和觀光旅行需求上升，旅行社也跟著增加。從一九七〇年代到一九九〇年代末，光是在美國，數量就從一萬兩千家暴增到四萬五千家。

但是，旅行社雖然迅速席捲市場，卻也倒得非常快，幾乎完全消失。

Expedia、Orbitz和Priceline等線上旅遊預訂平台陸續出現，旅客也開始能直接透過各大航空公司和連鎖飯店的網站預訂，導致傳統旅行社突然顯得很過時。一家家關門大吉，幾乎是一夕之間的事。從二〇〇〇到二〇一八年，美國的旅行代辦代理商數量暴跌35％，就連美國前總統歐巴馬都曾在市民大會上表示，網路平台更快更便捷，又能直接面對消費者，所以翻轉了市場現況，旅行社就是眾多受害者之一：「現在大家都用ＡＴＭ，你上次去銀行臨櫃提款是什麼時候？網路這麼發達，你上次請旅行社幫忙預訂行程又是什麼時候？曾經需要人類處理的許多工作，現在都自動化了。」

但其實說旅行社已死的那些報導，是太過誇張了。旅行社和被網路滅絕的其他行業不同，近年來還經歷了戲劇性的回歸。

美國的旅行代辦代理商數量在二〇一八年掉到低點（七萬八千八百家），但到了二〇二〇年初卻超過十萬五千家，收益也明顯上升，將近三分之一的行程是透過旅行社代訂。在疫情前，整個產業甚至預估將以百分之十的年成長率持續擴張。隨著疫情過去，一切逐漸恢復正常，產業分析師多半都認為旅行社很快就會強勢回歸。

但大家明明已經擁有幾乎無止境的資訊、工具和資源，可以用來研究並預訂行程，為什麼會突然要請旅行社幫忙呢？其實這**正是因為**消費者擁有的選擇和資訊太多了，所以旅行社才能捲土重來。資源豐富對客戶來說似乎是好事，但實際上卻有可能造成某些心理效應，使得客戶最後什麼都不買的**機率上升**，即使他們一開始的購買意願明明很強也不例外。

就以義大利這個旅遊地點為例吧，在Google上一搜「義大利旅遊」，結果數量就逼近二十八億；把範圍縮小到「義大利旅遊部落格」，也有四點四億個結果；換成「義大利旅遊行程」，則有三千三百四十萬個。光是TripAdvisor的「義大利旅遊論壇」上，就有超過五十萬個主題，某些文章甚至有幾千則回應和評論；打開Amazon（亞馬遜網路書店），你會看到兩萬多本義大利旅遊書在賣，即使用評分至少四顆星當篩選條件，也還是有超過八千本；除此之外，還有各家飯店、航空和郵輪公司網站上關於義大利旅遊的各種內容和建議呢。

如果是第一次去義大利，面對多不勝數的資訊和行程規劃上的各種選擇，大概很快就會覺得手足無措。有個知名專家建議只選一個地區，這樣才能充分地細膩探索；另一位專家則告訴你如何在七天內走遍整個國家。某個部落客發誓托斯卡尼一定要去；但另一個部落客則說那裡「太商業化，根本是專門騙觀光客的陷阱」。有個網站建議租車，說這樣最好玩；

另一個網站則說搭火車才對。有人說應該先去最具代表性的城市，像是羅馬、佛羅倫斯、威尼斯等等；但又有人說那些地方太主流，應該要去鄉間的小城鎮，體驗「真正的義大利」才對。

客戶面對這麼多的資訊、選擇和無止境的可能性時，會開始被恐懼侵蝕，擔心沒有做足功課，覺得**再多讀一篇**文章或網誌，或許就能得到想找的所有答案。他們覺得很多選擇看起來都很棒，不知該怎麼選；即使做出決定，仍認為自己會立刻反悔，覺得應該要選**沒選的**那個才對；最糟的是，還很怕自己犯錯或選錯，導致本來應該超讚的行程變得令人失望至極，最後也只能怪自己。所以，雖然可能明明**很想**訂行程，卻陷入猶豫不決的泥淖，結果毫無行動。

這時就該旅行社——現在也稱「旅行顧問」[1]——上場了。當今的消費者面對這麼多選擇，又深怕犯下昂貴的錯誤，因而不知所措，所以越來越會尋求專家協助，藉此瞭解不同選項，最終得到信心，相信行程一定會很好玩。旅行社從興起、衰落到最後捲土重來，是很特別的例子，也教給我們很重要的一課：在現今這個世界，當客戶並不容易，要想消除客戶猶豫，不能只以**賣方**身分推銷，也要擔負起**顧問**的角色，拉著客戶的手加以引導，帶他們走向成功[2]。

JOLT業務是買方代表

只要是與JOLT業務合作過的人（也就是才能獨特，擅長幫助客戶克服猶豫的業務），看到這個標題一定馬上很有感——從許多角度來看，這句話總結了優秀業務與客戶互動的模式。

事實上，這些優秀業務看待**銷售工作**的角度也確實不同。客戶對改變的願景表示同意並確立購買意願後，JOLT業務就會改變手法，不再以**推銷**為重點，反而會開始把**替客戶採購**當成自己的工作——雖然聽起來可能有點奇怪，但真的是這樣。他們知道現今的客戶擁有很多選擇，大可在沒有賣方涉入的情況下自行購買，之所以會來找業務，就是因為不知道該怎麼買，需要幫助。客戶可能知道**為什麼**該買，但仍需要其他許多層面的協助，例如該買**什麼**、**怎麼**買，甚至是**何時**購買等等。業務如果不幫忙，也就不可能消除猶豫、一舉成交。

ＪＯＬＴ業務直覺性地知道，要想幫助潛在客戶克服猶豫，他們「個人」扮演很重要的角色；這些業務瞭解客戶無法自行解決猶豫問題，需要他們以人性化的方式幫忙。客戶陷入困境時，如果沒有業務伸出援手，大概不太可能脫困。因此，ＪＯＬＴ業務會放下銷售人員的角色，當起客戶代表，就像是值得信賴，而且瞭解相關知識的好夥伴，能剖析客戶猶豫的成因。他們知道客戶有時就是會在表達購買意願後，仍無法決策，但這並不是因為他們**決定不買**，而是代表他們**沒辦法決定**。ＪＯＬＴ業務明白，要想消除客戶猶豫，不能只專注於執行**業務的工作**，也要去理解**客戶的人性**才行。

在猶豫時刻，客戶要找的是能代表他們、給他們信心做出購買決策的人；在客戶表露出猶豫跡象時，需要有優秀的業務擔任值得信賴的夥伴，在該買什麼、怎麼買，又該去哪裡買等各方面提供指引，才能帶來信心。這種做法能在增加成功機率的同時緩解買方焦慮，大幅提升賣方克服客戶猶豫的機率。

比起自行研究各式選項，信任業務的專業知識固然合理許多，就好像規劃到不知所措時，最好把行程交給有經驗的旅行顧問。不過業務知道客戶就是不喜歡這樣，還會想確認業務提供的建議是不是真的對自己最好。這並不是因為客戶笨到認為自己能把賣方推銷的方案摸透，摸到像業務一樣精通，而是因為雙方之間存在所謂的「委託代理問題」（也稱為「代理兩難」[3]）。

委託代理問題

所謂委託代理問題，是指委託人請代理人幫忙做決定，卻因動機不一致或利益衝突，認為代理人所做的決定只是在為自己謀利。雙方資訊不對稱時，常會有這種問題：假設代理人擁有較多關於眼前決策的資訊，委託人就可能會覺得自己似乎被蒙在鼓裡。

代理兩難在公私領域都經常發生。舉例來說，客戶有時會不信任律師。雖然請律師是希望他們替自己捍衛權益，卻又擔心對方可能會騙自己多付費用，或接受不符合他們最大利益的和解協議。同樣地，經濟學家史蒂芬・李維特（Steven Levitt）也在《蘋果橘子經濟學》（*Freakonomics*）一書中，分享了他對房地產市場中的委託代理問題進行的廣泛研究。

李維特發現，房仲賣自己的房子時，價格平均比替客戶賣屋時高出3%，如果是三十萬美元的房產，就會高出一萬美元[4]。這主要是因為他們在出售自宅時，願意等到有人開出好的價錢（李維特發現，仲介自宅上架的天數會比客戶的多了十天），但換做是客戶的房子，他們就不會有動機，因為即使等到稍微比較好的出價，房仲的邊際利益也相當小，畢竟就只能收取總價百分之一點五的服務費而已。因此，房仲常會說服客戶接受較低的出價，建議他們趕快售出，不然房子上架很久卻還賣不掉，反而可能造成負面觀感。

不過業務和買方之間的委託代理問題大概最明顯。在幾乎所有的銷售情境中，賣方的權力都比較大。說到賣方的產品，客戶並不知道有沒有什麼事他們不曉得；相反地，賣方卻能掌握客戶真正需要和不需要的是什麼，也曉得有哪些地雷區該避免，哪些功能很實際，哪些又比較屬於概念性質；知道有哪些使用經驗讓從前的客戶很開心，哪些又造成客戶流失，知道哪些事情應該保密。客戶可以去查用戶評論、分析師報告或諮詢第三方採購顧問，但最多也只能搜集到**一些**情報，永遠不可能像賣方內部人員瞭解得那麼透澈。

再說賣方一定會想成交，會想盡可能提高交易金額，所以買賣雙方之間，就會出現典型的代理問題，彼此也會缺乏信任。客戶會擔心有些事他們可能不知道，又抱持半信半疑的態度，認為賣方可能沒有分享一切資訊，幫助他們做出最佳決策，所以不會光憑直覺做決定，反而會選擇做更多功課，並向賣方索取更多資料，認為**再多做**一些研究，才能完全消除心中的疑慮。

業務必須先克服代理問題，才能建立信任，讓客戶放心地把自己交給你，相信你不只是**銷售人員**，也是**買方代理人**。那究竟該怎麼做，才能達成這個目標呢？

克服委託代理問題

我們研究銷售通話後，發現頂尖業務會透過幾種技巧克服代理問題，譬如建議客戶不要「過度購買」不需要的商品，就是最具影響力的策略之一，這個觀點我們在前一章也討論過。客戶常會想買昂貴的產品或服務，但實際上並不需要，此時，業務就可以趁這個大好機會建議客戶**少**花錢，藉此建立信任、展現可信度。

舉例來說，在某通保險推銷電話中，客戶在考慮新保單要不要加買額外給付，但業務說他認為現有金額已經很夠，可以省點錢，不用再往上加。為此，客戶大大地讚美了業務一番：「太感謝你了，我真的不知道給付額應該要多少才對，謝謝你沒有硬賣我不需要的東西。」接著，客戶又主動詢問如果把其他保單也轉到這間公司，是否能省更多錢，所以到最後，業務反而拿下了成交額遠高出原先金額的套裝銷售。在我們研究的一通軟體銷售電話中，業務也採用類似的策略，建議客戶縮減規模，把授權數減回初始合約中的數量：「如果我是你的話，會把授權數量從十個減少到五個，先從需求較大的核心使用者開始，逐步擴大範圍，在你的團隊中創造需求。我們最不希望的就是你們覺得花錢買了授權，最後卻沒用到。」

要想建立信任、克服代理問題，另一項技巧是給予競爭對手的產品或服務正面評價，甚至直接推薦，告訴客戶那更符合他們的需求。在某次的交易型銷售通話中，客戶提到另一間公司的服務似乎差不多，但價格更漂亮。「那個方案的價格真的很好，如果你想買，我完全理解。不過我們服務的範圍更完善，而且還有很棒的客服，所以價格略高一些。」另一通電話則涉及較複雜的交易，業務很有自信，甚至還直接建議客戶與競爭者合作，不要使用自家方案：「坦白說，如果你們真的這麼重視那個用途，那我會建議你和我們的競爭對手談談。在那方面，他們是市場龍頭，而且產品做得很棒；但如果你們的需求不只侷限於此的話，我覺得我們會是更好的夥伴，因為我們也可以支援貴公司的其他需要。不過，我們在該領域確實沒有他們強，所以我不想誤導你，畢竟那並不是我們的開發重點。」

我們發現，頂尖業務會坦然承認自家產品或服務還無法全然滿足客戶的需求。一般的業務太喜歡聲稱自家產品能為客戶帶來一切，但這種做法必然會引發懷疑，畢竟哪家供應商的產品能完美無缺？而且即使客戶真的信了業務（機率很低），未來也可能會發現業務言過其實，屆時就會產生客戶流失的問題。頂尖業務能不諱言地指出公司還沒完全開發哪些功能，又有哪些是未來計劃要發展的項目。在我們分析的一通電話中，業務表示：「其實我們目前還沒有即時分析功能。對從業人員來說，我們的解決方案已經夠快，也提供市場上最深入的洞察資料，不過『即時』這部分則還在發展——已經納入規劃，但目前還未完成——所以我不想把話說得太滿。這項功能至少要一年後才能提供。」

最後還有個很有效的小方法，能幫助業務建立信任和可信度，那就是坦承自己不知道答案。當然啦，展現專業知識對業務而言非常重要，但是如果能適時承認自己無法回答客戶的問題，客戶就會知道業務並不是只想成交，為此硬賣不符合他們需求的產品。在研究資料中，有位進行集客式銷售的業務對客戶說：「其實我不知道我們的產品有沒有跟那個系統整合，從來沒有人問過這個問題，我們的知識庫裡也沒提到，但我一定可以找出答案。」

業務如果主動提出建議（請客戶不要過度購買、指出競爭對手的方案可能更符合客戶需求、承認某些功能尚未成熟或自己無法回答所有問題），客戶往往會因而認為賣方和自己站在**同一陣線**，不是必須抗衡的敵對角色，而是可以信賴、合作的顧問；如果能再結合我們已在書中討論過的JOLT行為，就能發揮強大效果，不僅能消除客戶猶豫，也有助克服妨礙成交的代理問題。

把答應變成最簡單的選項

業務把JOLT攻略應用到極致時，就有資格自信邀請客戶購買，並把「答應」變成最理所當然的選項。

在廣受歡迎的著作《推出你的影響力：每個人都可以影響別人、改善決策，做人生的選擇設計師》（*Nudge: Improving Decisions About Health, Wealth and Happiness*）中，理查・塞勒（Richard H. Thaler）和凱斯・桑思汀（Cass R. Sunstein）指出人類受兩種思考系統支配[5]。第一種是「自動系統」，運作「很快，感覺像是本能，不需要一般所認定的『思考』。」這個系統經常涉及反射性動作，譬如靠近很燙的東西時把手移開、突然聽到很大的聲響會陡然一驚，甚至是不小心撞到別人時說「不好意思」。

第二種則是兩人所說的「反思系統」，涉及比較深思熟慮的行為，通常和「思考」有關，譬如決定晚餐要吃什麼、要看哪部Netflix電影、新車要選配哪些項目、要不要接受新的工作機會時，就會用到反思系統，而猶豫就是在這個系統中產生的。客戶可能會怕沒做夠功課、怕選錯，或擔心成效不如預期，這代表他們正在反思，並以批判性思考來分析眼前的決定。

塞勒和桑思汀發現，要對他人施以推力，幫助他們做出決定，提供「預設選項」是很有效的做法，可以把通常需要深思熟慮的決策變成本能性的選擇。換句話說，就是把做決定這件事從反思系統移到自動系統。為什麼呢？因為預設選項就是最簡單沒有阻力的路徑，符合人類天生想省力氣的渴望。換言之，如果選了其他方案，就可能必須消耗我們寧可省下來的力氣。但更重要的是，預設選項隱含的另一層意義在於這是可信任專家給的建議——這些人比你聰明，又以你的最大利益為考量，他們都把這當成理所當然的選項了，你又有什麼理由不同意呢？

要說明「預設選項」的作用，401(k)退休金保險是個很好的例子。相關資料證明，如果讓員工自行加入，參與率不到50％，但如果公司直接替員工保險，再允許不想參加的人**自行退出**，則參與率會提高到超過90％[6]。另一個例子是在自助餐廳把健康的餐食放在和眼睛同高的位置——顧客還是可以選擇不健康的食物，但必須付出較多努力刻意去拿。

業務人員自信地請客戶做決定，也是同樣的道理，這樣一來，就能立刻把「答應、簽約並進到下一步」變成預設選項，使「答應」成為比較容易的選項，反觀拒絕則像是要換檔一樣窒礙難行，會打斷往前的衝勁和一路以來的順暢，十分不理想。業務建立起可信度和專家形象後，就能建議客戶推進到下個階段，要求對方做出購買決策。這個技巧很簡單，可以想成是拉著客戶的手說：「我覺得你準備好了，我們開始吧。」就像跳傘教練走到門邊緊張的初學者身旁，在最後關頭給予學生跳下去的信心；在銷售談話當中，這樣的時刻也具有很大的力量，在許多案例中，似乎能讓客戶突然振奮起來，準備進入最後程序。

我們發現業務提出要求後，客戶很少會立即提供發票或帳單資訊，反而比較常會給予業務這類的回應：「你知道嗎？其實我也覺得準備好了，來下單吧。」

我們在資料中發現業務鼓勵客戶做決定的風格有很多種，譬如：

- 「如果你對討論的內容沒問題，那就開始替你處理這筆訂單吧。請問我可以替你提出訂單嗎？」
- 「我們很期待能提供服務，替你們創造先前討論過的效益。我會把合約寄過去，回覆後就可以正式開始了。」
- 「我希望可以幫你安排時間導入服務並介紹使用方式，請問可以開始進行了嗎？如果你也同意，我現在就傳 DocuSign 文件給你。」
- 「這對你們公司來說是很棒的選擇，我覺得應該要趕快進到下一步，把一切都安排好。只要你準備好，隨時可以把信用卡資訊給我。」

從許多角度來看，當業務最重要的工作，莫過於要求客戶購買，但業務主管常會訝異地發現，旗下員工實際執行這項工作的頻率，遠低於他們的想像或期待。事實上，在我們的研究中，業務有要求客戶購買的通話比例只占46%。換言之，在超過一半的通話中，業務不僅沒能充滿自信地拿下交易，就連要不要買都沒討論到。不過，業務主管也別誤以為規定員工在每次銷售會談中都要求客戶購買，就能解決這個問題。更精確而言，研究之所以會呈現這樣的數據，是因為業務在處理超過一半的商機時，都沒能為自己贏得要求客戶購買的資格。

結論

頂尖業務在客戶應對方面展現深厚的知識和專業素養，特別注重如何建立客戶對他們的信任，藉此克服所有客戶和業務之間都會有的代理問題。普通業務大概從小到大都認為（或因為他人的教導而相信）賣東西時，即使客戶需要的並不如他們想像中那麼多，也絕對不能明說，而且絕不應該承認競爭者的產品可能比較適合、自家的某些功能還未成熟，或是自己無法回答客戶問題，不過事實上，頂尖業務的做法卻恰好相反。

在下一章中，我們會探討JOLT方法為何不只可以提升銷售成功率，還能幫助企業建立長期的客戶忠誠度。

第八章　成交以外的事：用JOLT攻略建立客戶忠誠度

現在有越來越多CEO和經理人都呼籲銷售主管不要只想用盡一切方法，增加客戶數量，也要確保客戶關係健康、有所成長，而且能帶來效益。對企業來說，成交並不是唯一一個目標，建立長期客戶忠誠度也一樣重要。雖然必須先成交，才有之後的忠誠度可言，但銷售成功後的可能性有兩種：第一是客戶持續購買、提高花費金額並向他人推薦；第二則是使用體驗不佳，不僅不再續購，還會把負面觀感散播出去。

這本書中有許多例子和方法，能幫助賣方利用JOLT技巧克服買方猶豫，立即提升成交量，但這麼做並不只是為了提高銷售成功率，也是為了改善客戶體驗，並確保公司其他部門接下來與客戶合作時，也能持續實現長期成效。譬如我們在第三章提過，高度猶豫的客戶顯露出「非得最好不可」的徵兆時，頂尖業務不僅察覺得到，還會替客戶設定實際而且可信的期望值，尤其是在雙方剛開始接洽的時候。這是很重要的銷售行為，能消除決策過程中的障礙，建立信任，並緩解買方對結果的不確定感。不過另一方面，這對公司其他部門的人來說也同樣重要，因為成交以後，就輪到他們照顧客戶，並開創新的長期客戶關係了。舉例來說，客戶經理或客戶成功經理（customer success manager, CSM）的任務就是維繫關係，並確保客戶續約；至於客服部門和服務專員則必須處理成交後的問題，如果客戶在銷售過程中有不正確的期待，也必須由他們來調整校正。

客戶忠誠度的四種類型

華特・迪士尼（Walt Disney）曾說：「不管做什麼，都得要做得好，好到大家看了以後，會想回來再看一次，而且還帶別人一起來看看你做得多好。」這段話很適合用來形容客戶忠誠度：要想培養忠誠的客戶，產品、品牌和體驗都要令人折服、具有高識別度，這樣客戶才會心甘情願地購買、再買更多，並鼓勵他人一起買。

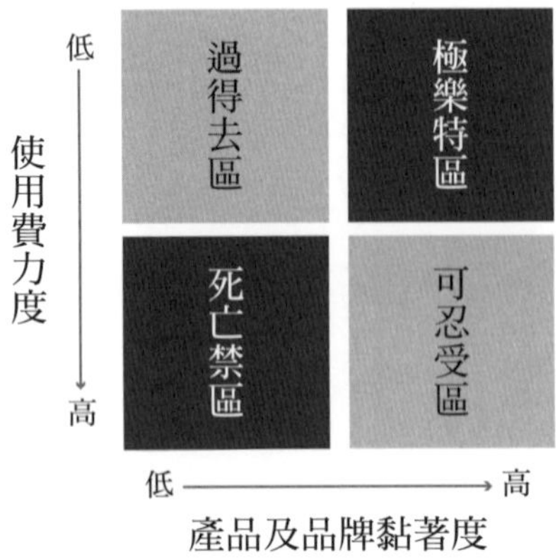

圖8.1　忠誠度的四種層次

我們的團隊幾年前開發出一個架構，用來分析客戶忠誠度的組成要素（詳見圖8.1），並在研究中發現，有兩個面向的因子會影響忠誠度，第一是**產品或品牌黏著度**高低，意思是產品深入買方日常生活或業務運作的程度，以及競爭者取代賣方成為主要供應商的難度；第二則是**使用時的費力程度**，同樣是由高到低。

讀者應該可以靠直覺理解「產品及品牌黏著度」的意義。有些產品力道很強，而且因為技術先進、設計精美、風格酷炫或價格便宜，具有很明顯的差異性，所以能吸引消費者；反觀有些產品和品牌則恰好相反，所以使用者常在尋找更好的替代品。

至於Y軸的「使用費力度」，則是來自《別再拚命討好顧客：專心替顧客省麻煩，回購比例就能輕鬆提高94%！》（*The Effortless Experience: Conquering the New Battleground for Customer Loyalty*）一書的研究[1]。該書研究的重點在於成交以後，客戶如果在使用體驗中遭遇過度摩擦，或必須耗費無謂的精力，可能會因而變得不忠誠。可能導致客戶費力的因素很多，譬如行銷和定價資訊令人困惑，產品不易安裝、使用，客服人員難溝通等等。該研究清楚顯示，使用費力度低時，客戶和賣方維持關係、提高花費的機率高出許多，散播負面品牌評價的可能性則遠比較低。企業打造不費力的體驗，也能節省許多費用，畢竟客戶如果能輕鬆使用，賣方的工作也會減少，因為這樣就不會有非必要的故障維修申請，不必一再重複聯繫、進行冗長的服務通話，也不用花費高額成本派人到現場幫客戶檢測除錯。

最理想的區域明顯是右上角，這樣的企業能提供獨特有力、黏著度高的產品和品牌體驗，**而且**客戶使用時的費力程度也低，只有少數企業和產品落在此區。對許多消費者來說，Apple裝置和Amazon Prime就是最典型的例子：這些產品具有明確的價值主張，黏著度高到不可思議，即使出問題，也還是很容易使用。儘管價格不斷上漲，儘管亞馬遜一再提高訂閱金額，大多數客戶在支付高額費用買Apple產品或續訂Prime時，幾乎都還是不假思索。

至於要避免的，則當然是左下角的「死亡禁區」，這代表企業提供的產品或服務使用上很困難、很費力氣，產品或品牌體驗也缺乏差異性和吸引力。落在此區塊的企業在忠誠度的兩個面向都表現不佳，客戶使用時會耗費大量精力，卻沒有理由堅持繼續用下去。以我們研究的一家有線網路公司為例，某位客戶花了十五分鐘告訴業務，他為了解決無線路由器問題，總共已經耗了大概十二個小時，不僅看賣方網站看了好幾個鐘頭，也查了路由器製造商的網站，甚至還到YouTube和各式網路支援論壇找解決方法，三天內打了六、七通電話，每次都要重新解釋他經歷過的一切。「你們根本就是在**浪費**我的時間，」他大吼，然後威脅要取消改用別家（他說有個競爭者的網速相同，但月費更低），還告訴身邊的所有人最好不要跟這個公司打交道。落在死亡禁區的企業就會面臨這種狀況，可惜的是這樣的公司還不少，你我大概都能想到幾間。

雖然某些公司明顯落在左下和右上區域，但實際上，多數企業都是位於另外兩個差異較細微的象限。左上區塊的費力度和品牌黏著度都較低，我們稱為「過得去區」，原因在於這些公司之所以能贏得客戶忠誠度，**完全**是因為合作起來輕鬆簡單，而不是因為他們能創造或帶來什麼獨特的價值，你家附近的生鮮雜貨店可能就是這樣。其他店家或許商品種類更多、價格更優惠，或有其他優勢，但如果是在週間繁忙的日子，你傍晚五點需要就近買個晚餐，那住家附近的商店幾乎一定會獲勝。

有些人在選銀行或信用卡公司時，可能也會遇到類似狀況：市面上或許有更好的選擇，或許有些提供更低利率和更多福利，或者有服務更好的分行或用起來更流暢的行動App，但目前的已經堪用，真要花時間去換，也覺得不是那麼值得。

至於右下角的象限則稱為「可忍受區」，意思是產品不好用，但吸引力強，黏著度也很高。舉例來說，奢華名車可能很難維護，但開起來很有派頭，所以消費者願意忍受。也可能是附近的某間咖啡店，Wi-Fi時強時弱，咖啡師也不太熱情，但沖出來的咖啡就是最好喝。落在此區的某些品牌和客戶具有「俘虜式忠誠」的關係（captive loyalty）。雖然使用上很耗力，但客戶仍覺得改用別家的成本太高或太麻煩，就好像被俘虜一般。

就拿你旅行時常搭的航空公司當例子吧。如果再搭幾次就可以晉升到下個會員等級，那即使航班又被取消個幾回、登機程序很沒效率，遇到問題打去客服中心時對方完全沒幫上忙，你大概也還是會忍耐。

也或許對你來說，家裡的有線網路就是這樣：網速比別家慢、頻道也比較少，相比之下價格似乎太高，但是又懶得換，覺得又要再約時間安裝並退回舊的設備太麻煩，所以基本上就是完全被現在的這間廠商給困住。

不過以上的討論和銷售究竟有什麼關係？更確切而言，和ＪＯＬＴ研究又有什麼關聯呢？

現在贏，之後輸

銷售部門採結果導向，可能比企業內的其他團隊都更重視成果。在誘因刺激下，主管、經理和業務常會希望能在期限內，把手上配有的資源發揮到極致，並衝高銷售數字。有鑑於此，業務可能很容易認為建立長期忠誠度是「別人的工作」，不把這當成一回事。

但如果客戶猶豫時（別忘了，在87%的商機中，都存在客戶中度到高度猶豫的狀況），業務沒用JOLT技巧就簽下了案子，那結果會是如何呢？我們在本書中曾多次提到，即使業務在銷售過程中克服了客戶猶豫，這項因子仍可能會在合約簽完後長期存在，這種現象就是心理學家所說的「決定後障礙」，意思是人在做出選擇後，重新評估自己的決定並有所疑慮。學者拉辛寫道：「猶豫不決的人即使做出決定，仍可能會擔心許多問題，例如他們選到的是不是最好？或者做決定的策略是否正確，有沒有用對方法？決策過程中該有的步驟是否都有做到？[2]」

拉辛也提到，決定後障礙會造成三種行為：一再擔心、反覆檢查、舉棋不定[3]。這些反應都相對直觀，在客戶對自己的決定缺乏信心時，是很典型的現象——或許他們覺得在最後階段被催促、還不確定如何導入新方案，又或者他們就是覺得產品有什麼地方不對勁，但仍下了決定。在這些情況下，我們幾乎可以肯定客戶在實際使用時會覺得很費力，接下來自然會有一個後果：客戶開始感到苦惱，想知道自己選的究竟對不對。拉辛和同事在研究中發現，猶豫不決的程度和決策後焦慮的傾向之間，存在很明顯的正相關[4]。

有些客戶不光會擔心自己的決定是否正確，還會採取額外行動，反覆檢查當初的決策過程，在下了決定**之後**對各家選項進行更多研究，參考更多評論、查看其他廠商的網站，甚至諮詢相關領域的專家和採購顧問——但明明已經簽約要跟賣方合作了。猶豫不決會使人回頭重新審視自己的決定，許多研究都有記錄這樣的現象，舉例來說，藍迪・弗羅斯特和肯尼斯・什爾（Kenneth Sher）就曾探究為什麼某些學生會花較長時間重新檢查答案，考試時較晚交卷，並得出結論：猶豫不決造成的決策後障礙，就是罪魁禍首[5]。

決策後障礙會引發的最後一種行為是舉棋不定，解釋起來很直觀，就是客戶改變主意，放棄原先的選擇，改選其他方案。拉辛表示：「猶豫不決的人不太有信心，容易覺得自己的決策站不住腳，所以接收到新資訊時，常會改變原先的決定[6]。」對於客戶這種反悔的傾向，業務想必非常熟悉。許多猶豫不決、需要死拖活拉才終於跨越終點線的客戶，最後都會撤銷原本的決定，要求賣方遵守取消條款，終止合約。

JOLT方法如何降低客戶費力度並緩解決策後障礙

在研究中，我們評估了客戶費力度和銷售成功率之間的關係（詳見「客戶費力度的衡量方式」區塊）。雖然成功率會因案件的情境與狀況而有些微差異，但結果很明顯：費力度高，業務也較難成交（詳見圖8.2）。

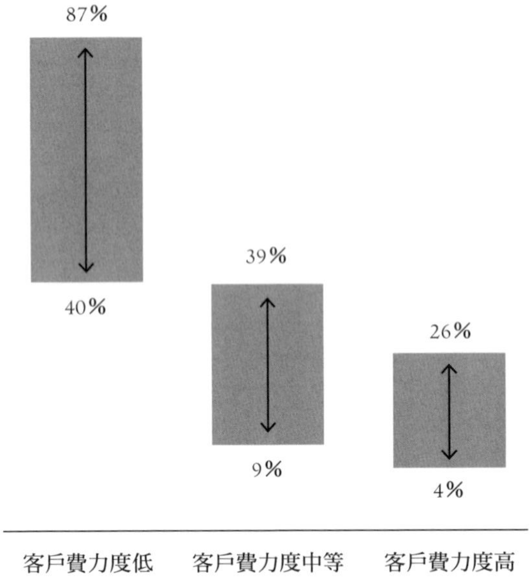

見圖8.2　銷售成功率區間
（按客戶費力度呈現）

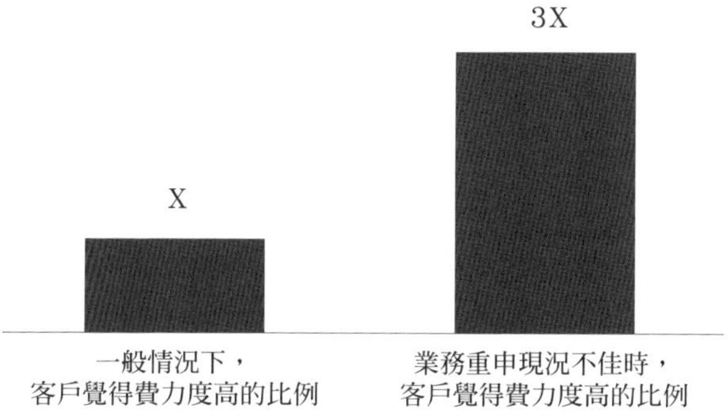

圖8.3　重申現況不佳帶來的影響

買方覺得很費力氣時，賣方甚至連平均表現水平都很難達到；即使客戶費力度只有中等，銷售成功率仍會被拉低到9%；但要是賣方能把費力度維持在低檔，成功率則落在40%至90%，顯示使用上如果太耗力，或發生過多摩擦，都會減損成交潛力。此外，多數業務採用的方法（在客戶流露出猶豫跡象時，重申現況有多不理想），其實反而會使客戶費力度變高（見圖8.3）。

在客戶表示有意購買後再次強調現況有多糟，用不採取行動的後果加以恐嚇，會使客戶覺得自己身為決策者很孤獨，耽溺於痛苦之中難以掙脫，只會加劇他們既有的恐懼；而且對於已經擔心

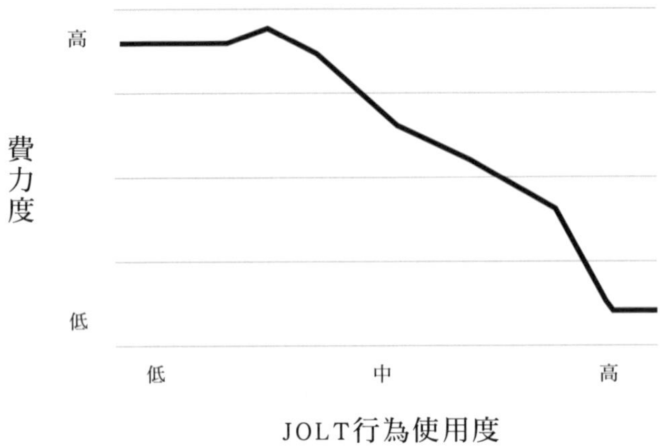

圖8.4　JOLT行為對客戶費力度的影響

購買後會引發混亂的客戶來說，這麼做根本無法消除他們越發強烈的疑慮。相較之下，JOLT技巧則有助業務**與客戶合作**，緩解導致他們猶豫的恐懼情緒。我們的資料清楚顯示，業務的JOLT行為增加時，客戶費力度會急遽下降（見圖8.4）。

使用JOLT技巧時，賣東西為什麼會**變簡單**？回想一下，買方最害怕的，就是採取行動後，自己必須負起責任；再想像一下，如果業務能在買方深怕重蹈覆轍、一再索取更多資訊時，終止無意義的研究，對客戶的心情會帶來多大的舒緩；此外，業務的個人建議能帶來清晰的方向，如果能再提供範圍或許不大但具有實質效果的安全網，替客戶減輕決策風險，那麼買方會覺得更安心有保障。替他人減輕痛苦，是非常人性化的工作，對業務而言，大概是最需要人際溫度的任務。頂尖業務會利用JOLT行為，緩解買方的痛苦，藉此降低客戶費力度，確保未來的忠誠並避免客戶流失。

從客戶費力度的觀點分析個體行為時，資料也清楚顯示業務**嘗試**JOLT技巧後即使沒成功，結果也至少不會太差，就算出現一些經常影響表現的非理想行為（如判斷錯誤或流露出困惑），和買方一般認為毫無幫助的其他行為相比，似乎也只會使客戶感到輕微的不悅。研究顯示，設定期望值等相關JOLT技巧，特別有助降低猶豫程度和客戶費力度，這可能代表買方知道自己必須付出一定程度的努力，但如果費力程度高於預期，則會導致他們不想買。

客戶費力度的衡量方式

幾年前，Tethr 研究團隊開發出一套方法，可根據原始談話資料（例如通話錄音、即時訊息或電子郵件），衡量客戶在服務互動中覺得自己必須耗費多少力氣（也就是客戶費力度）。Tethr費力度指數（Tethr Effort Index，簡稱TEI）奠基於超過十年的客戶忠誠度驅動要素研究，是一個深度學習模型，內含兩百八十多個變數，能有效預測客戶對於「客戶費力度分數」調查問題的答案（譬如「問題是否容易解決？」）。

Tethr的研究顯示，TEI分數和其他預測客戶忠誠度的指標之間，存在顯著關聯，譬如淨推薦分數（Net Promoter Score）和客戶滿意度。我們在研究中也發現，TEI可有效預測銷售成功率。

結論

對賣方來說，要促使陷入猶豫的客戶下單是很困難的事。我們在本書中已詳細說明，面對客戶猶豫時，JOLT方法是簽下更多案子的最佳途徑，對業務、銷售主管和經理人來說，都是相當重要的全新攻略。多數業務在處理買方猶豫時，會重申現況不理想，結果反而**提高**客戶費力度，因而造成反效果，並連帶引發客戶的決策後障礙，對後續合作造成很大的負面影響，而且遭殃的還不只業務部門而已。JOLT方法能幫助買方克服猶豫，降低客戶費力度，為他們創造優異的使用體驗，大大提升建立長期客戶忠誠度的機會。

JOLT方法的內容、為什麼有效、業務實際上又是如何使用，到這裡已討論完畢。在本書接下來的章節中，我們會更深入地探討一些實務應用上的問題，協助銷售主管將這套方法導入自家團隊——首先要思考的，就是如何評估猶豫問題在組織中的嚴重性，以及旗下業務的JOLT能力。

第九章　客戶猶豫造成多大損失？

如果你已一路讀到這裡，代表你應該也有認知到客戶猶豫這個問題，面臨難題的可能是你個人、你的銷售團隊或所屬的企業。但你可能還不知道問題的規模和範圍有多大，又是否值得投入時間、精力和資源去解決。本章中，我們將介紹幾個實用方法，幫助你從個人和整體的角度，評估客戶猶豫可能對組織產生怎樣的影響。

評估猶豫問題對銷售團隊的影響規模

開始討論如何評估業務人員之前，各位不妨先思考一下，銷售團隊該如何判斷他們是否面臨客戶猶豫的問題？有些業務主管憑直覺就感受得到，知道他們希望成交的案子可能會失敗，或者被發無聲卡的案件比例可能會超過可接受範圍。不過，如果你不想只憑直覺判斷，也有許多資料來源能幫助你評估，瞭解公司面臨的猶豫問題究竟有多大的範圍與規模。

最明顯的選擇或許就是客戶關係管理（CRM）資料了。使用CRM資料時，主管最好先確立公司可接受的「因客戶不行動而失敗率」。在我們的研究中，案子因為「沒有決策」而告吹的比例平均落在40％到60％之間，因組織而異，顯示這項因素普遍會造成銷售團隊的生產力嚴重下降。從客觀角度來看，我們認為頂尖銷售團隊的數值應該遠低於這個範圍，不過，每個產業和市場的狀況都不同，所以很難說得準。舉例而言，我們訪問了B2B SaaS領域的一位業務主管，他說公司的市場非常明確，多年來，已和所有潛在客戶成為合作夥伴，所以理論上而言，他們每年幾乎都會有大量案件因為客戶不行動而失敗。「如果能把客戶不決定造成的失敗比例壓低到40％，要我做什麼都可以，」他表示，「但對我們來說，把數字壓到60％以下還比較實際，因為目前的數字比這高出許多呢。」

要想針對客戶猶豫造成的失敗率設定嚴格上限，也可以考慮依據案件及客戶類型確立銷售週期。如果是以企業或政府為對象的大型交易，往往會耗時較長，賣給中段市場或中小企業的話，需時則比較短。同樣地，如果買方是個體消費者，銷售週期也會因價格、合約長短和其他因素而異。確立銷售週期相當重要，這樣業務主管才能掌握每個案子的「過期日」——如果在那之後還沒成交，就代表大概是卡住了。

要利用CRM資料評估客戶猶豫造成的整體失敗率，另一個方法是觀察互動頻率。Challenger的研究顯示，在健康的案件中，買賣雙方互動速度較快，也就是說，如果寄發電子郵件、通話的頻率提高，代表可能即將成交；反之，如果每次互動之間的時間間隔越來越長，則代表案子最後可能失敗，或因客戶不做決定而沒有下文[1]。

主管為銷售團隊訂立標準後，必須瞭解旗下業務的績效分布狀況。績效就跟在職時間、成交率、訂單數和成交利潤等指標一樣，很可能呈現常態分布，有些業務因為客戶不行動而失敗的比率可能特別高，有些則特別低，但多數人大概都會聚集在中間。之後我們在關於指導的章節中會討論到，多數主管會把大部分的心力都花在前段班（客戶不行動失敗率最低，因為這些優秀下屬和主管自己很像）和後段班（客戶不行動失敗率最高，因為他們會使團隊生產力大幅下降）。但是，CEB（現在是Gartner）的研究顯示，如果希望透過指導發揮最大成效，其實應該著重中段班的業務才對：「如果讓業務主管自由心證，他們往往會把心力花在表現最好和最差的下屬身上……（但）在適當的指導下，最大的回報其實會來自中間60％的業務，也就是團隊組成的核心。要是能獲得最高品質的訓練，這群業務的績效最高可以提升19％[2]。」

最後，評估客戶猶豫對組織的整體影響時，企業應該把這項因素列為每季都要檢討的長期性指標。如果只看銷售成功率來判斷誰把什麼東西賣得好，很容易被誤導，因為失敗有兩種，根本原因不同，單看成交數據，並無法區別業務是為什麼失敗。假設有個案子因為客戶拒絕而告吹好了，原因可能是產品沒那麼合適、競爭者的方案更吸引人，或採購委員會無法達成共識，和客戶說想要但**就是不買**的情況相比，要解決的問題完全不同。如果客戶不願做決定，通常代表業務沒能把購買意圖轉化為行動，是銷售技巧需要改進，而不是產品與市場契合度、價值主張、洞察分析、訊息傳遞或未能執行公司既有銷售程序的問題。換句話說，根本原因在於業務無法有效消除客戶猶豫。簡而言之，主管要是沒能將失敗的案子分成不同的類型來看待，會有很嚴重的盲點，可能會導致珍貴的資源和經理人的時間被浪費，最後無法解決真正的問題。

企業一旦確立自家標準，並評估公司面臨的猶豫問題有多大的規模和範圍後，下一步就是要瞭解客戶猶豫會對個人業務造成怎樣的影響。

評估業務個人的JOLT技巧

我們在最後一章會討論到，銷售部門應該調整招聘標準，雇用擁有JOLT技能的人選。不過現有的銷售團隊又該怎麼辦呢？主管該如何評估每一位業務的能力，瞭解他們能否確切執行JOLT技巧，找出可改進之處？答案很簡單，就是要知道如何評估業務能力——但實際上該怎麼做才有效？

在本章後續的段落中，我們會探討三種不同的方法，企業可以用來衡量業務目前的JOLT能力，技術門檻從低到高都有，包括人工通話審核、進行客戶調查、智慧型對話分析。三種途徑都可評估JOLT技能，但各有優缺點，接下來我們會詳加討論。

人工評估客戶猶豫的影響規模

現今最常見的業務技巧衡量方法，是第一線銷售主管直接參加業務會談，或聽下屬錄下來的通話，評估他們哪裡做得好，哪裡又需要改進。如果是大型的集客式銷售中心，則通常是由品質保證（Quality Assurance，簡稱QA）團隊負責，每個業務每月都會被抽出幾次通話來審查，評分不僅會影響績效，也是制定發展計劃和主管指導內容的依據。

我們的網站www.jolteffect.com有提供通話審核方法，主管可用來評估業務在某次銷售會談或與特定潛在客戶接洽時的表現，根據他們使用JOLT技巧的情況評分。人工審核不需要額外的技術投資，初期成本固然最低，但也最耗人力，最難做好。多年來，我們曾和許多公司合作，為的就是徹底改善他們既有的通話審核程序，在過程中，也看到他們犯下可能降低審核成效的各種錯誤。

首先，這種審查方法的樣本數通常很低。以大型集客式銷售中心而言，業內的標準審核比例多半是通話總數的1%；如果是業務主動出擊的推播式銷售，比例會比較高（因為通話總數要少得多），但在業務進行的所有談話中，仍只是很小的一部分。此外，主管很少會去監督同一個案子的**所有**業務通話。假設某公司的銷售週期是幾個月起跳，主管大概只會參與或審查其中某筆交易的幾次業務會談。樣本數太少時，代表性當然不如樣本多的研究，所以人工審查產生偽陰性和偽陽性的機率也遠比較高——換句話說，只查核少許樣本，誤判的風險會大大提升，容易誤以為業務在某方面能力很強或技能不足。要想減少誤判狀況，增加樣本數是很明顯的解方，但很快就會遇到管理資源有限的問題。因此，在大型內部業務團隊中，企業通常會指派專門的團隊（通常是QA）負責審核工作。

第二，許多人在進行人工通話審核時，會被非黑即白或制式化的標準給綁住，譬如主管會只聽業務有沒有用到某些說法或語句，而不是評估他們展現的整體能力。有些業務原本可能喜歡根據客戶特性或當下情況調整銷售方法，卻會因為這種機制而難以發揮。對大型銷售中心而言，這個問題特別嚴重，因為ＱＡ團隊每年要審核數百、甚至數千通電話，而且必須按照制式標準快速進行，就像在勾表格那樣，否則工作可能會處理不完。其實最好的方法，應該是讓負責審核的人（無論是第一線銷售主管或ＱＡ）評估業務展現各項技能的等級（譬如分成新手、專家、大師三級），而不是只分成「有」或「沒有」而已。

第三，主管進行人工通話審核時，通常需要留意很多面向，除了ＪＯＬＴ技巧以外，還有業務受過的其他訓練，以及客戶、產品和產業知識等等。此外，業務主管或ＱＡ團隊也常被要求要留意通話內容是否符合法規，客戶對新產品和優惠有什麼回饋，以及談話中是否有提到競爭者等等。在單單一通電話中要同時注意這麼多事，當然比較可能忽略或完全錯過某些現象。正因如此，許多設有大型銷售中心的企業會將ＱＡ團隊分成兩組，一組審核技巧和業務展現的能力，另一組則留意是否遵循法規、有沒有提及競爭者，以及客戶回饋等項目。

只要是依賴人工通話審核的公司，都應該要認真思考如何解決上述問題，避免投入的心力和資源白費。如果沒能改善，不準確的審核結果肯定會造成業務訓練成效不佳，也可能會導致業務認為評分方式太過專斷、造成不公平的懲罰（畢竟樣本數少，評分標準又制式化），或認為這些查核根本無益改善技巧、提升績效，所以投入程度反而降低。

用系統性客戶意見調查衡量客戶猶豫的影響規模

多數大型銷售中心除了仰賴QA評分外，也會搭配通話結束後的意見調查來評估業務表現。推播式銷售團隊也常有類似機制，會透過成功／失敗分析和面談的方式，瞭解客戶為什麼選擇買或不買，以及業務對結果造成的影響。同理，企業執行人工通話審核時，可以（也應該）傾聽客戶的聲音，做為輔助資料（譬如請客戶參加調查），瞭解他們對業務表現的評價和整體感受。

售後調查和訪談如果執行得當，是很有效的工具，能幫助企業更瞭解客戶猶豫對特定案件產生的影響。不過這種調查和人工通話審核一樣，也有某些問題，主要是客戶常被眾家廠商的調查轟炸，所以回收率通常不佳，導致樣本數低，和人工審查通話的樣本問題一樣，可能導致偽陰性和偽陽性，最後無法實現預期中的發展效益。

調查的另一個缺點在於客戶通常只會提供量化意見（也就是回答附有簡單量表的問題，像是從「非常同意」到「非常不同意」），但不太會給予詳細的質化評論，導致主管想不通他們給分的原因。在這種情況下，成功／失敗訪談比較有價值，不過執行上必然會需要更多時間和人力，而且也很難避免另一種形式的樣本偏誤——因為受訪者多半（甚至全部）都是已成交的客戶。如果無法詳細瞭解失敗案件，探究客戶猶豫也會變得困難許多。

業務主管如果想透過調查或成功／失敗訪談，瞭解客戶猶豫對商機造成的影響，並評估業務的JOLT技能，很可能會發現實際執行狀況和人工審核通話時很像：他們必須和其他部門爭取寶貴稀少的資源，因為業務、產品和行銷等部門都會想藉由客戶調查，解答自己面臨的迫切問題。最直接的解決方法當然就是在調查中多問幾題，但問卷長度和回應率呈負相關，所以這並不可行。企業的問題越多，客戶就越有可能中途退出，不填完調查或不堅持到訪談結束。

我們在網站www.jolteffect.com上提供了一系列的售後問卷及成功／失敗訪談問題，歡迎下載參考。

用對話分析衡量客戶猶豫的影響規模

對於希望提升團隊績效的業務主管和經理來說，以機器學習為基礎的智慧型對話分析是很振奮人心的重大發展。提供這類功能的平台（包括我們用來進行本書研究的Tethr）能為企業帶來一大躍進，幫助他們更有效評估業務技能、瞭解客戶體驗，並進行更聚焦的業務指導。

如我們在序文裡所述，智慧型對話分析服務能處理銷售通話的錄音，用自動語音辨識軟體轉錄成文字（無論是來自Zoom、Teams、Webex等網路會議平台，或集客式銷售中心的數十種錄音平台都沒問題），相關人員可以從中挖掘資料，發展出深入見解。人工審核通話的做法有其缺點，我們在本章先前的段落已討論過；相較之下，新技術則為企業帶來機會，一探長期以來始終埋藏在通話深處的資料，所以自然引爆了各界的興趣。企業如果能「大規模聆聽」通話內容，對於業務表現將會有全新的詮釋，還能在客戶體驗、銷售效率、行銷活動、優惠響應度、產品效能、法規遵循風險等諸多層面發展出新的見解。銷售談話錄音是很值得企業探索的豐富資料集，也能讓企業終於擺脫傳統的客戶意見收集方法，如意見調查——現在這種調查的回應率越來越低，客戶填寫時也越來越惜字如金。

現今市場上提供智慧型對話分析的公司數量暴增，業務主管也展現出濃厚的興趣，但這項技術附帶於主要方案中賣出的比例仍很低——研究機構Aberdeen指出，目前已採用智慧型對話分析的公司只有26%；以我們和Tethr合作進行的研究來看，**已部署**這項技術的企業中，也有近80%表示投資報酬率不如預期。我們的團隊深入訪問了多個產業的早期採用者，從中瞭解到投資這項技術的幾個缺點。如果有意採用，應該先注意以下幾點：

- 很難從資料中擷取深入分析結果
- 很難有效依據深入分析結果採取行動
- 總持有成本十分驚人

在本章剩餘的段落中，我們會詳細地逐一探討各項缺點，希望幫助企業避開前人走錯的路，在投資智慧型對話分析技術後，實現預期中的效益。

很難從資料中擷取深入分析結果

我們最常聽到早期採用者抱怨的問題，是很難從智慧型對話分析平台獲得深入見解，會遇到的問題很多，首當其衝的，就是這種解決方案幾乎只能用來辨識關鍵字（譬如偵測業務提到「價格」這個詞，或客戶提到某個競爭者的名字），即使識別得很準確，單是有這種結果，也無法為使用者帶來真正的洞見，無助瞭解銷售為何失敗，公司又該如何解決。這些企業發現，關鍵字只是解鎖深入分析資料的媒介，如果沒有充分理解談話的背景資訊，這些媒介往往並不精準，也不可靠。

要從通話轉錄成的文字中擷取更深入的洞見，企業必須使用「類別」，也就是機器學習訓練集（某些供應商稱為「主題」），不能單純只找關鍵字而已。「類別」中包含許多說法和用語，代表特定的概念或行為。

舉例來說，我們先前曾討論過業務「消除風險」的技能，像是管理期望值和提供失敗風險防護措施。每一位業務在使用這兩項技能時，可能都會有數十、甚至數百種不同的表達方式，所以要用「類別」集合所有相關用語和說法，用來偵測業務正在管理期望值或提供失敗風險防護的情境。

多數智慧型對話分析平台都有現成類別，但通常只是簡單的客戶情緒（如挫折、困惑和擔心價格）和業務行為（如認可、探究等等[3]），目前還沒有任何平台內建JOLT類別（除了我們用來進行本書研究的Tethr平台）。話雖如此，幾乎所有智慧型對話分析平台都可以建立自訂類別，企業也沒有理由不花些時間和資源，把這些類別整合到現有系統。不過建立全新的類別可能很耗資源和時間，而且成本高昂，企業常需仰賴內部的資料科學家或請供應商幫忙，因而必須付出昂貴的薪資或專業服務費用，最後還可能發現，通話資料中的銷售行為根本不太適合由軟體供應商負責辨識、建構。

早期採用者之所以很難從智慧型對話分析資料中取得可行的洞見，另一個原因在於太過依賴聲調情緒分析。智慧型對話分析解決方案常會用兩種方式評估情緒：聲調情緒（系統會偵測語調變化的模式，辨識客戶情緒）和語法情緒（根據客戶實際說出的字詞辨識情緒）。雖然聲調情緒分析已有長足進步，技術也持續提升，但偽陽率仍舊很高，譬如誤以為客戶生氣，但其實對方只是在很擁擠的地方用手機講話，太小聲會聽不到。此外，許多以語法為基礎的情緒模型過於依賴傳統關鍵字，常會缺乏較細緻的背景資訊，因而無法辨識出較複雜的情緒（在瞭解業務如何處理不同程度的客戶猶豫時，這項資訊非常重要）。

使許多企業受挫的最後一個因素，是研究取得的洞察資料受制於智慧型對話分析平台，無法廣為分享使用，導致公司內部遭遇「洞察瓶頸」，造成許多問題，譬如主管為了評估業務的銷售技能並提供指導，向平台購買了銷售專用的方案，結果才發現其他部門（如產品、客戶體驗、行銷）用得很不順手，畢竟方案是單純針對銷售用途打造，所以其他同事很難從中取得所需的分析資料，導致業務部門最後被迫變成其他部門的「洞察資料服務台」，必須負責提供大家需要的資訊。另一個相關問題，則是企業經常發現這類方案產生的洞察資料很難整合到其他平台或系統（如

CRM、商業智慧和報表工具），同樣會導致很有價值的資料困在業務部門，無法廣為分享給整個公司使用。

在我們聽過許多人類似的評語後，某位受訪的使用者也表示：「我們的智慧型對話分析合約還剩一年，但我們已經決定要把平台關掉了。說到底，要用這個平台產生可行的洞察資料，有信心地據此採取行動，實在太麻煩了。」

很難有效依據深入分析的結果採取行動

在研究受訪者常提到的難題中，第二名是無法根據分析結果，在公司想要優先發展的領域採取行動，簡而言之，就是沒辦法實現太大的進展。每間公司在決定投資智慧型對話分析時，都會有些想藉此技術實現的重點企業目標。對銷售團隊而言，目標可能是降低客戶不行動造成的失敗比例、更確實地遵守銷售流程、提升追加和交叉銷售的效果等等。當然，職能不同，目標可能也會有所差異，例如行銷人員關注的是提高優惠活動成效、取得競業情報；客戶體驗主管最在乎的，可能是如何在客戶歷程中消除服務故障的狀況，提高淨推薦值（NPS）；客戶成功團隊（CS）會想提升使用者採用率；客服支援團隊則會希望透過售後服務降低客戶費力度，減少可能減損使用體驗的摩擦點。我們訪問的所有企業都能清楚闡述開始投資智慧型對話分析時的目標，但自認成功且業務明顯改善的公司卻很少，即使是能從平台擷取出深入洞察資料的那些組織，也不一定能獲得成效。

我們透過分析發現，企業之所以很難透過智慧型對話技術，推動業務上的重點目標，有兩個核心原因：第一是過度依賴描述性的淺層分析結果，第二則是缺乏穩固的顧客互動模型，所以無法實現理想成效。

如果真要幫助客戶根據洞察資料行動，供應商不能只產生描述性分析（也就是告訴客戶有「什麼」資料），還得協助分析，瞭解這些資料「為什麼」會出現，又該「如何」處理——換言之，就是找出事發原因，並釐清改善方法。

假設有間公司想提高成交率好了，只知道業務在通話中的說話時間百分比或有沒有提問，是不夠的。企業必須深入瞭解特定說話技巧、話語表達和優惠等各項因素會如何影響成交率，也得知道這些技巧如果改變，對業務成果有何影響，才能有把握地持續提升成交率。在實務上，這代表企業不只要請供應商偵測談話內容，也必須要求提供預測（關聯性）及指導（因果性）模型，這樣才能在工具、培訓、指導和提升業務能力的其他層面正確投資。打個簡單的比方，如果你發現家裡積了一灘水，只知道屋頂漏水並沒有用。如果不知道房子是哪裡漏水、水怎麼漏進來、又該如何處理，那也只能在地上放個桶子接水，無法解決根本問題。

第二，企業需要供應商協助，才能真正運用智慧對話分析平台產生的洞察資料，實踐真正的改變。受訪的公司告訴我們，供應商很能幫他們找出業務上的問題，有時甚至能指出問題成因和可能的解方，但若要合作推動實際變革，效果則會變得很差。有間公司表示：「我們的供應商說可以幫忙根據洞察資料規劃如何改變，但前提是必須要付錢給他們的專業服務團隊。基於成本因素，我們決定自己來，結果踩到很多明明可以避免的地雷，改善計劃也就被打亂了。感覺就好像他們握有成功秘笈似的，如果我們不付費，他們就不願意分享。」

簡而言之，如果想在市場上尋求智慧型對話分析方案，企業須保持警惕，因為即使取得了洞察資料，也很可能無法據此採取行動改變。要想避免這個問題，就得確保洞察資料的可行性（賣方不能只產出描述性結果，也要提供具有預測性和指導性的資料），而且必須確保供應商願意遵循適當的顧客互動模式，幫助企業達成重點目標。

總持有成本十分驚人

最後，對於採用智慧型對話分析技術的公司來說，第三個問題在於這類解決方案的總持有成本（total cost of ownership，TCO）通常很高。研究中的一位高階主管告訴我們：「我實在沒想過自己會這麼說，但其實弄到最後，比起用供應商的分析方案，繼續請真人去聽通話內容還比較划算。我們計算TCO後，發現花費高到不可思議。」

多數對話智慧平台的TCO可分為直接和間接成本。直接成本方面，擷取通話內容通常按分鐘計費，包含轉錄、處理和儲存費用，另外還有按使用者人數計算的授權費。在某些情況下，企業必須投入資本成本購置軟硬體，還得定期替換升級，如果選擇進行本地部署，通常都是這樣。一般而言，這些成本會明列於供應商的條款和合約。

不過，讓許多企業措手不及的是，要想發揮智慧型對話技術的功效，會有很多預期之外的成本。舉例來說，多數客戶都發現，除了產生描述性分析、根據預先建構的類別偵測關鍵字以外，如果想進行比較進階的操作，舉凡調整或自訂類別、新增非同步中繼資料，和實施預測性、指導性分析，都一定得聘請自己的資料科學家團隊，或付錢請供應商的專業服務團隊幫忙。換言之，可能必須付出高額代價，才能從平台擷取出洞察資料。此外，如果想把資料整合到下游應用程式（如CRM、商業智慧工具、企業資料湖泊等等），也經常得購買擷取授權，才能從供應商的伺服器取出資料。再者，許多供應商對已處理過的音訊進行額外分析時，還會加收重新處理費（或許業務主管會想重新研究已經分析過的通話，看看會不會發現原本沒注意到的現象）。

除了費用問題，IT、分析和採購主管也常會懊惱地發現，由於智慧型對話技術方面的多數供應商，都是專門從事特定領域的分析，所以公司內部的不同單位（譬如業務、客戶支援、客戶成功、行銷、客戶體驗、產品等等）會各自按照部門需求購入不同方案。這會導致公司的成本和營運複雜度提升，而且因為每個方案互不相連，即便使用的音訊資料一樣，要處理並擷取到各單位的平台仍須分開付費（譬如行銷長對音訊進行處理並匯入部門的分析平台時，可能是二次付費，因為當業務主管把資料擷取到銷售團隊使用的平台時，就已經付過相同的費用了）。此外，各團隊分開操作、互不整合，還可能造成其他比較無法量化、但更糟糕的後果，譬如各部門可能會以不同的標準衡量相同的客戶聲音，這時，會發生什麼狀況呢？

要想真正瞭解智慧對話技術方案的直接和間接成本，企業不能只看合約，必須全盤考量，才能摸清所有費用。如果平台設計未考量到實際使用需求——也就是說，如果一般使用者很難透過簡單的方式，快速把非結構化語音轉換成可以分析、研究的結構化資料——那成本可能就會遠遠超過客戶起初投資時的預期。此外，如果平台是專為特定職能或用途打造，企業也要做好心理準備，因為各單位會獨立購入自己的方案來分析客戶語音資料，所以整體持有成本可能得乘上好幾倍。

如果正在考慮為公司採用智慧型對話分析方案，歡迎到go.tethr.com/buyers-guide-to-voice-analytics下載買方指南。

結論

企業進行JOLT評估時，必須從兩個層面著手：首先，要瞭解銷售團隊面臨的客戶猶豫問題有多大的範圍和規模；第二，則須衡量個別銷售人員的JOLT技能，找出可改進之處並給予重點指導。

可評估個別銷售人員技巧的方法很多，從低技術門檻（人工通話審核）到非常高科技（對話智慧分析技術）的都有，各種方式也都有應納入考量的優缺點。現在的公司多半都想減少人工作業，盡量不依賴回應率經常很低的客戶調查，所以對於想更瞭解銷售成效和客戶體驗的企業來說，智慧型對話分析技術可說是一大突破。可惜的是，早期採用者的經驗，並未替還沒投資這項技術的公司帶來信心。企業雖想透過這類平台實現理想成效，卻常會遇到幾個障礙，包括很難從通話資料中擷取深入分析結果，很難根據結果真正提升業務成效，而且總持有成本通常很驚人。如果正在考慮購買，務必要瞭解並認知到公司投資後可能會遇到哪些挑戰，才能聰明應用這項大有前景的新技術。

在下一章中，我們將討論如何將JOLT應用於不同類型的銷售環境。

第十章　在不同銷售環境中運用ＪＯＬＴ技巧

進行關於銷售成效的新研究時，當然會想知道研究結果應用於不同類型的銷售組織時，會有什麼差異。在本章，我們會探討這些差異，以及販賣的商品和對象不同時，ＪＯＬＴ方法的應用又會有何不同。

值得在探討這些差異前先澄清的是，研究結果的共通性其實相當高。所有業務販賣的，都是某種形式的改變，他們不僅得影響並說服客戶，也要激勵對方實際採取行動——不僅要使客戶相信不能再繼續維持現況，也得讓他們知道改變會有成果，即使害怕改變，也可以克服恐懼。買方決策的複雜度不同，單純的交易性購買花費較低，也比較簡單，其他案子則比較繁複，涉及較高費用和許多策略性影響。話雖如此，我們仍透過分析找出了幾個共通現象：

- 無論賣什麼、賣給誰，客戶猶豫都是拉低銷售成功率的最大因素之一。
- 客戶猶豫十分猖獗，是不可避免的因子，即使我們很希望，也不可能使其消失，或從銷售流程中完全根除。

- 在我們研究的所有銷售通話中，客戶猶豫的頻率和程度都一樣高，沒有任何銷售模式、公司或產業能倖免。

因此，我們在研究JOLT方法時發現，即使產業、銷售模式和交易複雜性有所差異，許多銷售案件的狀況其實很像。客戶猶豫是**人類**皆有的普世問題，所有業務都必須想辦法克服。

話雖如此，在各種銷售情境當中，偵測客戶猶豫及引導業務應用JOLT技巧的方式仍有區別，買方類型不同時，這樣的差異最為明顯。如果是賣簡單的交易性商品給個人買家，業務面臨的挑戰，通常會和推銷複雜解決方案給大型採購組織或企業時不同。在本章接下來的段落，我們將說明如何把JOLT方法應用於不同的銷售環境。

集客式銷售管道

對於金融服務、電信、公共事業、休閒旅遊、保險和零售等消費性產業來說，集客式銷售一直是很重要的銷售途徑，隨著疫情導致零售門市的客流量下降，這類管道的重要性也只增不減。

但集客式銷售並不是B2C企業獨有的管道。現在，B2B產業的公司越來越瞭解客戶能透過網路自行購買哪些商品（不只是簡單的產品，也會購置並設定雲端計算服務這類的複雜解決方案），所以集客銷售管道在購買歷程中，也成了十分重要的「第二站」，和B2C銷售中一樣。因此，B2B企業近年來變得遠比以往更積極，開始把簡單的交易性銷售轉移至線上的集客式「內部銷售」管道，節省販售成本，並重新分配寶貴資源，讓經驗豐富的第一線業務去負責難賣又昂貴的複雜方案。

在多數情況下，客戶在集客式管道中和業務說上話時，其實都已進行過許多研究，查遍網路評論與推薦，讀了專家評鑑和分析報告，也看了賣方網站，比較不同家供應商的功能和優勢。資料這麼多、這麼容易取得，供應商又已經把線上購買變得這麼簡單，卻還是有許多人決定要打電話給業務，實在頗令人訝異。各位可能以為在當今這個時代，不太會有人主動想跟業務交涉，尤其是那些只買簡單商品的客戶，但多年來，客戶來電量仍頑強地維持在一定水平，事實上，還有些資料顯示這類來電有上升趨勢，未來也會持續增加。

為什麼呢？我們先前討論過旅遊顧問的興起，這也是類似的道理：對客戶而言，資訊太多反而會使人手足無措，非但不覺得自信有力，還會深感困惑，不知該怎麼做。

時間就是金錢

說到集客式銷售管道中的商機，最特別的地方在於：客戶的一通電話，經常就像把整個銷售流程濃縮成三十至六十分鐘似的，所以優秀的JOLT業務首先就會確認：打電話進來的人是否真的有可能購買。在購物前，客戶有許多公開透明的途徑可進行研究，更不用說自行下單有多簡單了，所以大家打電話進線時，多半已經處於**想要**購買的狀態，光是願意主動打來，就能證明他們的購買意圖了。以我們的資料來看，在集客式管道的來電或聊天對話中，普遍約有60到75%的客戶會在談話一開始就清楚表示自己想買。從雙方開始交涉的那一刻，這些買家就會分享他們進行過的所有功課，詳細說明比較過的選項，並提出具體的購買問題。

那剩下的25%到40%呢？對集客銷售團隊的業務而言，這個問題的答案能帶來很重要的啟示。我們研究客戶**並未**表達購買意圖的互動時，發現了令人訝異的現象：這些絕大多數都不是銷售通話，而是客戶需要某些服務，但因為各種原因而打進了銷售專線。電話打錯的原因很多：有些人是不小心按錯號碼；有些是舊客戶想查資訊（如信用額度、稅務資料），但已無法透過自動系統驗證身分；還有人是刻意撥到銷售團隊，因為就先前經驗來看，他們認為企業接聽銷售通話會比接客服專線來得快。無論原因是什麼，這些服務電話都會嚴重拖累集客式銷售團隊的整體績效。

這些通話的成交率比研究中的其他通話類型都來得低，只有16%，但有鑑於客戶本來就不打算買任何東西，所以也不令人訝異。由於客戶的目的是解決問題，業務自然很難賣出多少商品，而且這些電話雖比一般銷售通話來得短，對賣方來說仍很耗時。對於每年要處理數千次銷售互動的大公司來說，這是釋放業務時間、重新分配資源的大好機會。

在集客式銷售環境中，優秀的JOLT業務員視時間為很珍貴的資源。我們在研究中發現，這些頂尖業務極度擅長判斷客戶猶豫程度，通常可以在一、兩分鐘內建議把電話轉給客服專員進行更適當的處理，繼續接聽下一通可能是潛在買家打來的電話。

與表現優秀的同事相比，業績普普的業務常會花很多時間，試圖協助客戶解決服務問題。這樣的初衷是很好沒錯，但資料顯示，他們還是專心做業務，把電話轉給正確的部門比較好。業務如果想解決服務問題，沒有趕快把電話轉給同事的話，經常會發現自己無法處理。在這些通話中，銷售人員沉默的時間比例明顯比處理業務問題時高，顯示他們不瞭解客戶的要求，也不確定該如何處理。

和我們合作的某些公司表示，他們擔心將客戶轉接到其他部門，會導致客戶的費力度和挫折感上升，所以最好由業務人員試著解決問題，而不是轉手給其他同事。但我們和CEB（現為Gartner）進行的研究顯示，如果業務的說法恰當（譬如「我知道有同事可以替你解決問題，我幫你轉過去好嗎」），而且轉接的方式夠「溫暖」（也就是業務要留在線上，等到客服人員接起電話後，先把情況向同事說明清楚後再掛斷），那麼轉接電話其實有益無害。

總結以上重點：在集客式銷售管道中，要盡快透過客戶在通話之初傳達的訊號評估猶豫程度；遇到尋求服務的電話時，也要以溫暖得體的方式轉接。如果是有機會成交的客戶，其實他們在打電話進線時，絕大多數都已經有購買意圖了。所以，業務的工作並不是要說服對方，而是要鼓勵他們克服造成猶豫的原因——這項任務已經夠難了，通常還必須在一小時內達陣（某些情況下時間甚至更短），所以對業務來說又更具挑戰。

在集客式銷售管道中引導客戶做出正確決定

在集客式銷售管道中，頂尖業務也必然會提供個人建議，協助買家克服評估問題，就跟他們在其他銷售環境的做法一樣。這項策略在集客式管道特別重要，因為買賣雙方之間並不存在既有的情誼或信任，所以業務通常無法仰賴既有的關係。當然啦，會影響買方信任的因素很多，例如供應商品牌、產品需求和第三方推薦等等，但這些都不是賣方所能控制，所以業務又更有壓力要限縮客戶的探索範圍。客戶主動聯絡時，雙方的溝通媒介受限，一切必須在當下就用口頭或文字說清楚，不會有幾個月的電子郵件往來，也沒有後續電話可進行追蹤討論；另外時間也很緊迫，業務必須把握通話或即時通訊結束前的每分每刻。通話進行時，買方往往都在別處，眼前經常是開著好幾個網頁在評估；至於賣方則孤身一人，沒有產品知識專家或資深經理幫忙推銷，而且客戶只要一感到猶豫，就會很想先掛掉電話，多考慮一下再買。頂尖JOLT業務知道自己沒有第二次機會，所以必須格外努力，以免案子最後不了了之，導致績效受損。此外，買家如果是花自己賺的辛苦錢（賣給小型企業主經常是這樣），為客戶消除風險就特別重要：客戶固然會怕自己代表公司做出錯誤決策，畢竟沒有人想跟老闆解釋這種事；但如果必須從自己口袋掏錢，又是完全不同的情況了。

很多時候，潛在買家會表示需要更多時間做決定，我們在研究中發現，面對這種要求時，集客式管道中的普通業務有兩種回應方式：第一是使出FUD招數，想利用稀少性或價格上的急迫感，促使客戶馬上就買（例如：「好的，但我沒辦法保證折扣會到什麼時候」）；第二種則是完全服從，立刻接受客戶之後再回電的提議。我們之前已討論過，想要嚇唬客戶購買，很少會有效，即使真的奏效，也會導致對方很快就後悔下單，打電話來取消；不過另一種方法也沒比較好，因為客戶根本很少會真的遵守承諾再打回來。其實他們只是想替業務解套，明明想說「不用了，謝謝」，仍因為不想沒禮貌而客套推拖。

因此，如果是比較依賴交易型銷售的品牌，常會授權業務用某些方式替客戶減輕風險，譬如退款保證、試用後再付款、免費試用期和彈性付款規則等等，這些選項交到業務手中，能發揮強大功效，幫助客戶克服結果不確定性，但實際上要如何使用，仍是每個人自由心證，有太多人用得太多或太少，反觀頂尖JOLT業務則是用得明智又有效。

集客式管道業務遇到買方猶豫時的差異，我們已討論完畢，在下一節中，我們會把重點放到推播式銷售管道。

推播式銷售管道

數百萬的企業都仰賴推播式管道成長，對於現今的多數B2B組織而言，這仍是主要銷售模式。在我們的研究中，較複雜的解決方案銷售通話，多半是發生在賣方和潛在客戶之間（開發新客戶）；不過，我們也有收集到許多和現有客戶的通話，是由帳戶管理團隊推銷現有客戶續約，或進行追加、交叉銷售（耕耘舊客戶）。

推播式銷售和集客式管道的主要區別在於銷售週期，前者通常需要幾週、幾個月，甚至好幾季才能完成，而且在購買歷程中的各個階段，都會有採購委員會涉入，並參加許多銷售通話。這類交易的價格通常高出許多，合約也明顯較長，購買時通常需要經由採購、財務、資訊安全、法規諮詢和法務等眾多部門核准。最初的客戶接觸通常是發生在業務涉入之前：可能是某個好奇的決策者下載了幾份白皮書，然後賣方的行銷團隊就瞄準這位潛在客戶，在數個月內寄出一系列電子郵件，維持這個商機的熱度；也可能是某位技術型使用者幾個月前參加了網絡研討會後，被加進了電子報的發送名單；又可能是買方的幾位關鍵人員在貿易展上詢問是否能提供操作示範，因此加入了賣方客戶開發團隊積極管理的網路論壇。

行銷部門認可的潛在客戶，通常會轉給商務開發代表（Business Development Rep，簡稱BDR），由他們透過電話和電子郵件，進一步評估客戶的興趣和購買意願。不過，即使推播管道業務有BDR團隊幫忙開拓市場、安排會談，自己多半都還是會到處尋找買家，譬如透過社群媒體、貿易展、產業活動，或者採取最傳統的方法，主動打電話或發電子郵件，希望能在對的時機找到對的客戶，賣出適合對方的商品。

在較長銷售週期中處理客戶猶豫

假設天時地利人和，業務找到真正有需求也有興趣的潛在客戶，那接下來要進行的可不僅僅是一次談話，而是整個**流程**——要解決客戶猶豫問題，這是一大重點，因為客戶的優柔寡斷不會只在第一次或最後一次會談中顯現，從中間整個銷售流程的電子郵件、語音訊息、簡訊、Slack通訊等內容中，都看得出來。買方如果是小公司，可能會擔心把太多營收拿來採購；如果是大企業，對方可能會擔心做錯決定、丟掉飯碗。實際情形取決於你賣的是什麼產品或服務，但在多數情況下，還是可以相信老話一句：「不會有人因為跟ＩＢＭ買東西而被炒魷魚。」意思是即使較不知名的廠商提供遠比較好的方案，客戶往往還是會打安全牌，選擇已有成功經驗的供應商，因為在購買複雜解決方案時，如果因為疏忽、研究不足而做錯決定，是真的有可能會丟掉工作。

其中最極端的例子往往是銷售週期很長的案件，譬如跟我們合作的某家公司是專賣重型建設服務（如醫院、體育場、辦公大樓和其他大型專案）。從案子獲准到實際動土前，有上千件事要決定，而且幾乎全都是有風險又不可逆的決策。舉例來說，新醫院的實驗室大小該如何決定？建得大一點，未來可以放新設備，有成長空間；但這樣一來，急診部門和產科病房就會變小。如果選錯，往後必須長期忍耐，所以可以想見客戶在這種情況下，面臨極大的「評估問題」和「結果不確定性」。

這會導致客戶猶豫會變得更為棘手，販賣服務的供應商也會陷入特別艱難的處境。舉例來說，如果賣方是專業服務供應商，那業務就不僅僅是客戶的合作夥伴而已，他們自己本身其實就是產品，因為客戶買的就是他們的專業知識和經驗，這些知識在業務提供建議時，或許也能派上用場。不過許多業務可能只是兼職，所以替同一位客戶處理猶豫問題的次數當然會變少，因而導致買方擔心第七章詳細討論過的代理困境。如果業務為了避免影響賣方販售服務，所以在知道某些做法的情況下，選擇不告訴客戶，就會構成典型的代理問題——代理人私藏關鍵資訊，導致客戶更想在購買前多做研究，確認他們主要的假設是否正確；相較之下，業務如果能適當地提供專業知識，就可以限縮買方不必要的探索，並提高客戶對資訊模糊的容受度。

頂尖業務的一大特點在於他們不會「追垃圾車」；相反地，如第三章所述，他們會積極從銷售流程中淘汰不合格的商機，把時間挪去處理真正有可能成交的機會。傳統上用來判斷商機品質的準則包括規模、權威性、預算、時間點或合適度等等，但JOLT業務考量的可不只這些。

JOLT業務知道客戶高度猶豫會嚴重危害成交機會，所以會主動監測客戶是否有猶豫跡象，也會果斷地依據這些跡象決定放棄客戶。被放棄的客戶只占案量的一小部分（如先前所述，最多大概只有百分之十至十五的潛在買家），但前提是，即使**客戶已表示有意購買**，業務也會選擇放棄，這樣的做法有很深刻的意義。多數普通業務遇到表示想買供應商方案的客戶，都會無所不用其極地爭取，但JOLT業務在評估高度猶豫的客戶後，會衡量自己應該在對方身上花多少時間，也知道有些買家不管再怎麼想要產品，都還是無法克服猶豫。因此，他們不會花費同等的時間和精力追求這樣的機會，會把該客戶的優先順序往後排，甚至徹底放棄。在週期較長的複雜銷售中，這特別重要。先前討論過的重型建設公司就有一位主管表示：「做我們這行的，好幾年才能簽下一筆大案子。如果花太多時間在猶豫不決、永遠不可能成交的客戶身上，業務可能就做不下去囉。」

可能在複雜銷售中降低客戶行動機率的行為

和集客式管道相比，我們研究的推播式銷售通話還有一個很大的不同。我們先前討論過，除了網路會議外，推播式銷售還會在其他許多環境發生，所以運用限縮探索範圍這類的技巧時，實行的方式也會不同，畢竟在長達好幾個月的日子裡，客戶可能會持續透過多種溝通管道，讓賣方知道他們想再多做研究、把事情做到完美。如果雙方確實安排了網路會議，那麼賣方通常都必須把一些（甚至大部分）時間花在示範產品操作，在涉及技術的產業，特別會有這種期待。買方其實也很討厭產品示範，但又不能不看，偏偏業務只要切換到示範模式，就很容易把所有JOLT技巧都拋諸腦後。

為什麼呢？首先，示範時的感覺比較像簡報，而不是對話。買方通常不會想打斷簡報，所以即使有反對意見，提出的頻率也比較低。但未提出的反面想法可能會化為沒說出口的猶豫，導致業務在缺乏線索的情況下，不曉得要使用JOLT技巧，所以這時更要主動聆聽客戶回應中是否藏著不接受的徵兆，判斷他們是否暗自在猶豫。我們研究以產品示範為重點的通話後，發現頂尖業務比較會停下來，評估客戶對示範內容的反應，如果注意到任何猶豫、困惑或不確定的跡象，也會深入探究，而且這麼做的機率比表現普通的業務高出許多。

事實上，販賣複雜解決方案的業務常會過度追問、評估，無法給出明確的建議，只會不斷迎合客戶的需求和想法，不會主動提供意見。但我們已經詳細討論過了，猶豫不決的買方不怕毫無作為，只怕行動失敗。再花更多時間分析客戶需求，也等於是在問題面前原地踏步，並不能激勵客戶採取行動。這種方法在推播式銷售通話中並沒有用，從許多層面都看得出來，譬如和頂尖業務相比，表現普通者**比較常會**一再追問。這並不代表頂尖業務不會詢問客戶想要什麼，但他們知道如何在適當的時機和情境使用這項技巧，而且不會過度探詢，在跟高度猶豫客戶打交道時，尤其是如此。

不能取消也要降低風險

在客戶考慮購買複雜解決方案時，為他們壓低風險的重要性和販售其他商品時一樣高，而且通常更為重要。買方如果曾因做錯購買決策而留下陰影，之後長時間做事都會綁手綁腳，之所以會無止境地索取個案研究、其他客戶的背書和免費試行計劃，就是因為背負先前的包袱。普通業務會盡可能地提供各種附加資料，並幫忙計算投資報酬率，希望能滿足客戶要求；反觀有經驗的JOLT業務則會在購買流程中設定明確的指導方針，並針對售後成效設定實際的期望值，在超過六成的銷售互動中都是這樣。

在販售複雜解決方案時提供失敗風險防護的概念，對某些業務、甚至是資深主管來說都很陌生。我們把研究結果分享給推播式銷售團隊時，有些人的第一反應是：這不可能在複雜的銷售流程中實行——會這樣想的原因很多，受訪者的回應包括「法務部門不可能答應提供退款保證」、「要是提供退出條款，財務那邊一定反對」等等。不過，每次我們在訪談中提出這個問題時，有經驗的業務就會開始回想他們曾用哪些方法降低購買決策風險。有個常見的做法是把服務和購買合約綁在一起——乍聽之下，這似乎不太直覺，因為理論上來說，增加服務會使購買金額變得更高。你可能會認為，價格提升會導致客戶覺得風險更大，無法達到降低風險的效果，但JOLT業務知道客戶會猶豫不決，是因為害怕行動。對於瞭解產品必要性、也**想要**購買的決策者來說，那種猶豫不決、就是無法下定決心的狀態是很孤獨的。在合約當中加入服務，代表賣方有義務在未來的某些路上陪伴客戶同行，這樣可以減輕買方對結果不確定性的疑慮，也終究能讓他們覺得自己並不是孤零零地在做決定。

結論

我們分開檢視研究中的集客和推播管道的業務談話後，發現兩者存在一些有趣的差異。舉例來說，在推播式銷售環境中向客戶推銷複雜方案的業務，似乎比較擅長提供個人建議，在百分之六十至七十五的通話中都有這樣的行為，至於集客管道的業務則大約只有百分之四十至五十。

但我們發現的差異，多半僅限於特定行為的相對出現頻率，並不包括這些行為對銷售成功率的影響。為什麼呢？一如我們在本章所述，客戶猶豫並不是哪個市場進入模式中特有的困難，而是深植人性的普世問題。無論是透過集客式管道販賣簡單的交易型商品，或在週期較長的推播式流程中推銷複雜方案，都會有很多客戶深受猶豫所擾，所以每一位業務都得積極協助，無論推銷的產品是什麼、對象是誰都一樣。

在下一章，我們將討論銷售團隊該如何聘請已懂得實施ＪＯＬＴ策略的業務，並透過重點式的訓練和指導來提升已在職業務的ＪＯＬＴ技能。

第十一章　打造JOLT業務團隊

遇到某些問題時，銷售主管能透過資源調度來解決，其他企業部門多半也是這樣。最優質的商機可以專門請資深業務處理，高淨值客戶可轉給最善於簽下訂單的同事，成長潛力最大的客戶可交由重要客戶團隊管理，小型的交易性商品銷售則可請較沒經驗的團隊負責。即使遇到這些問題，也可以經由計劃與思考，透過調整職務內容、工作分配和層級制度等方式來解決。

但買方猶豫不決，可不是單靠調整組織架構就能解決的問題。

我們在本書中已討論過，在87％的銷售談話中，都有中度或高度的客戶猶豫現象。主管沒有本錢對這個問題坐視不管，如果忽略，往往會自食惡果。而且研究也清楚顯示，買方需要業務人員用人性化的方式，幫助他們克服猶豫。所以，業務主管如果希望提升團隊克服客戶猶豫的能力，其實只有兩個選擇：聘請已經具備JOLT技能的業務，或培養已在職業務的ＪＯＬＴ能力。

長期以來，業務主管一直有個迷思，認為優秀的業務就是有天賦。有些人「天生就是厲害」，有些人則沒那個天分。我們和世界各地的業務團隊合作時，多次聽到這樣的說法。《挑戰客戶，就能成交》出版後，也有許多人問我們：「挑戰型業務是天生的嗎？還是後天養成？」所以我們在想，各位讀到這裡，對ＪＯＬＴ業務可能也有一樣的問題。ＪＯＬＴ行為真的可以複製嗎？又或者這根本只是優秀業務與生俱來的天賦呢？

想知道這些技能是「與生俱來」還是「後天養成」是很正常的。有些人天生就很會運動、擅長音樂或有寫作才能，反觀其他人則只能做夢。一直以來，許多人都認為「銷售」是藝術與科學的混合體，只是比例未知。「天賦派」的人可能會直接聘請優秀人選，因為他們認定培養人才太過困難、不可能成功，所以根本不想嘗試。如果本來就需要、也有計劃請人，那當然可以用ＪＯＬＴ技能當條件，篩選出具備這些能力的人選。但招聘需要時間，同時客戶也正在猶豫，團隊沒有等待的本錢，所以雖然培訓和指導工作很辛苦，還是得正視該如何把ＪＯＬＴ技巧教給業務。

幸運的是，ＪＯＬＴ技巧很容易觀察，而且可能比你想的容易實踐。之所以這麼說，是因為有個簡單但不可動搖的事實支撐：在目前的銷售團隊中，已經有成員在展現ＪＯＬＴ行為了——畢竟如果沒有，我們也不可能從資料中歸納出這些行為。ＪＯＬＴ方法並不是我們憑空創造出來的；相反地，我們是研究許多不同情境下的數百萬次互動後，才觀察到這些頂尖業務技巧。受訪的業務主管多半都能馬上點名團隊中的ＪＯＬＴ業務，只是他們從未去思考這些技能而已。

不過我們在研究中發現，ＪＯＬＴ業務在每項技能上的相對表現，經常有所差異。舉例來說，某位業務可能很擅長限縮探索範圍，但在降低風險方面則相對吃力。我們研究第一線業務有二十年的經驗，因此可以告訴各位，在衡量業務技巧時，這種情況很常見。即使是同一位業務，表現也可能會有差異，就像天際線一樣有高有低，所以即使是頂尖業務，也還是可以較頻繁地練習使用不擅長的技巧，努力改善。只不過，在從買方猶豫的角度研究銷售成效前，我們並不知道該如何彙整出頂尖業務因應客戶猶豫的技巧，也無法理解這些技巧為何如此必要。

最後還有一點非常重要，業務採取JOLT行為時，是有目標與使命的。如果買方恐懼是根源於深怕做錯決定（也就是擔心失敗），那業務又使出會加深恐懼的招數，勢必會引發反效果。我們先前討論過，要想解決猶豫問題，業務一定得用JOLT方法有效減輕客戶痛苦，而且效果必須足以讓對方克服對行動的恐懼，跨越什麼都不做的障礙——在聘請JOLT業務和培養JOLT行為方面，這可以帶給我們兩個啟示：第一，業務的工作遠遠不止說服客戶而已。頂尖的JOLT業務知道，在某個時間點，他們的任務會從「說服」變成「鼓勵」。業務如何看待自身工作，以及自己在消除客戶猶豫過程中扮演的角色，在面試和他們的言談舉止中都會清楚呈現；第二，業務是否實踐JOLT行為，不僅受到許多相關因素影響，也取決於他們自己的選擇。「我是要加深還是減輕恐懼？」這是業務每一天、在每筆交易和每次對話中，都必須做出的決定，所以也不妨從這個角度評估他們的表現。

概要的介紹就到這裡。接下來，我們會詳細探討如何聘請JOLT業務，並培養銷售團隊成員的JOLT技能。

聘請JOLT業務

JOLT技能和商業頭腦、產業知識或銷售特定產品與服務的經驗一樣，都是主管在聘人時可能考慮的條件。招聘要做得好，一開始都必須適當地界定職位條件，接下來，人資團隊必須以此為出發點，尋找並瞄準人選。不過我相信，在履歷或LinkedIn檔案上，不會有太多人寫到「我很擅長處理客戶猶豫」，所以企業該如何搜尋並篩選出具有JOLT技能的人才呢？

首先，可以多加檢視職位的要求與條件，確定公司在找人時，有沒有找對技能和經驗。從另一個角度來看，可以觀察團隊目前的JOLT業務，看看他們有哪些共同的經驗或特質，但採取這種做法時得注意：招聘主管畢竟也是人，所以從成功JOLT業務身上歸納共通點時，很容易會導致確認偏誤（confirmation bias）；相反地，觀察不擅克服客戶猶豫的業務有哪些共同之處時，也會有一樣的問題。所謂「確認偏誤」，意思是人類常會用有助支持自己既有觀點的方式，尋求或解讀事實，在商業、政治和社會等各方面都普遍存在這個現象。舉例來說，假設警探已經認為嫌犯有罪，就可能會過度著重有罪的跡象，忽略反面證據。羅列招聘條件時，確認偏誤會特別棘手：這方面的決策可能會受傳統觀念影響（譬如「有經驗的業務當然最好」、「有產業經驗的人最適合向我們的客戶推銷」），有時還可能被某些惡性偏見左右（譬如認為某個性別的人比較適合做業務），甚至是發生在潛意識中。招募主管必須特別注意自己有沒有先入為主的偏見，並依據客觀資料做決定。即便如此，我們仍建議只把招聘條件當做篩選參考，不要視為硬性規定，完全以此決定應徵者能否參加面試或得到錄取。

初步的候選名單也應包含一些非業務的人選。但該去哪裡找呢？我們合作的一家公司表示，他們發現最具JOLT能力的業務，通常都有幫助客戶成功的經驗。「我們查看評估資料後，發現最有辦法克服客戶猶豫的業務，似乎都曾在客戶成功部門任職過，或在其他組織有過這方面的歷練。我們覺得可能是因為他們必須幫助客戶上手，並把產品結合到既有的工作流程中，這是很困難的，而且其實說到底，就是必須讓客戶克服恐懼，不要擔心使用新產品後會出錯。」

能將JOLT技巧使用自如、把自己視為買方代理人的人才，可能來自許多不同領域。舉例來說，有些人認為擁有多重背景的人，可能會比較懂得評估猶豫程度；公司內最熟悉產品的同仁，可能最適合提供個人化推薦。軟體產業的某位業務主管表示，現在有越來越多**客戶**被挖角去當**業務**，讓我們聽得很困惑，後來她解釋道：「潛在客戶會馬上認定前客戶是產品方面的專家，因為買方正在做的事情，他們**都曾做過**，也親自體會過要買我們公司這麼大的方案以前，會多害怕失敗。」事實上，除了業務以外，從事其他許多職業時，也都需要鼓勵他人採取行動，像是顧問、老師、律師和會計師等等。

如果考慮有銷售經驗的人選，會有另一個好處：至少可以把過去的銷售表現當成指標，預測他們在面對高度猶豫客戶時的績效，畢竟在其他情況下表現不佳的人，大概不太可能搖身一變，成為最強JOLT業務。不過各種銷售環境確實有其差異，從買家猶豫的角度來評估業務的過往經驗，或許也會使你對他們的評價改變。參與研究的一位受訪者表示，他們進行相關評估後，並未確切歸納出想找的特質，比較明顯的結果反而是「不該」聘用有哪些固定模式的人：「我們分析過後，最清楚的結論就是過往的銷售經驗可能會帶來負面影響。在我們這個產業，某些公司是以強勢的銷售手法出名，結果我們從那些組織請來的業務卻常因客戶不決定而失敗，失敗案件遠多過從其他地方招聘的人。」

在當今的業界，主管主要仍是透過面試篩選應徵者，決定讓哪些人進到最後一關，所以在面試中，至少應該測試業務面對高度猶豫客戶時的處理能力，討論相關的例子，並請應徵者詳細解釋他們遇到銷售後期退縮的買家時，通常會如何處理；也可以請他們分享在工作或生活中的經歷，說明如何在有人優柔寡斷時鼓勵對方採取行動，或請他們從買方決策後障礙的角度，預估銷售結果（如果有興趣，歡迎從我們的網站www.jolteffect.com下載JOLT面試指南）。

不過，面試時要模擬買方情緒當然很難，所以在其他條件相同的情況下，最好可以直接觀察應徵者克服客戶猶豫的能力和意願。以前要觀察這些特質，比現在困難得多；相較之下，現今許多銷售互動都會錄下來，也很容易分享，只是有時因為隱私問題，應徵者可能無法和面試官分享之前的客戶互動資料。不過無論如何，面試中都應該包含模擬對話或角色扮演。做法比較進步的組織會錄下面試過程，分析應徵者是如何處理不同的客戶猶豫狀況。

應徵者進到最後關卡後，通常得填寫雇前問卷或調查，測試某些認知能力或個性特徵。有些組織很早就會進行這類評估，當做初始篩選機制，通過後才考慮面試。雇前評估有其價值，但往往過度強調智力；反觀挑選JOLT業務時也必須考量應徵者的情緒智商，因為優秀的JOLT業務不僅**明事理**，也**熟悉恐懼**。

接下來，我們要探討如何幫助現有團隊培養JOLT能力。

培養已在職業務的JOLT技能

改變任何行為都很困難。過往經驗可能會成為改變之路上的阻礙，況且這些經驗可能又是來自數週、數個月的銷售培訓和多年的觀察、嘗試與錯誤，此外，個性也可能影響業務的本能和改變意願。以限縮探索範圍為例，有些業務可能會因為文化背景，直覺性地擔心「合作性重疊」這種方法不禮貌。

但其實每一天，業務都可以決定自己要花多少力氣加重或減少買方恐懼；要不要推客戶一把，幫他們從猶豫中掙脫，就是取決於這些日常的選擇。對一般人而言，JOLT技巧並不會太陌生，畢竟我們都是人。每個人在生活中多少都推薦過餐廳、熱門節目或產品；所有家長也大概都曾限縮孩子的探索範圍，在小朋友問到天花亂墜前終止他們的問題；此外，退款保證和免費試用也相對常見，目的就是要避免買方猶豫。

所以，大多數人對於基本的JOLT技巧應該都不陌生，不過專業銷售人員卻可能會覺得這套策略很不符合直覺。多數銷售團隊都有太多業務是仰賴強化買家恐懼、打敗現況的戰術，這是他們最熟悉、也用得最熟手的方法。這樣的現象其來有自，因為數十年來的主流銷售訓練，就是教大家要一再強調現況有多糟，而且這樣的觀念，還持續透過每一天的銷售方法及培訓計劃不斷加深。另一方面，第一線業務主管的影響也很大，因為他們往往會要求部屬遵守既定的流程與做法，這些程序與方法背後，有投資報酬率計算、個案研究和價值主張支撐，但目標是將客戶推向成功，而不是幫助他們避免失敗。按照現在的業務走向和速度來看，多數表現普普的銷售人員大概都只會繼續這樣照本宣科。

好消息是，採用JOLT，並不代表要完全捨棄現有的銷售模式。只是除了JOLT以外，沒有其他任何銷售方法，是以克服猶豫和買家對失敗的恐懼為主軸，所以如果你的團隊因為買方不行動而丟掉許多案子，那不妨把JOLT視為現有銷售方法的補強或延伸。無論你現在採行怎樣的模式，都可以這麼做，JOLT元素不會和你現有的銷售方法重疊，也不會破壞已提供給團隊的指導和訓練，反而會成為業務攻略中的新招數，可專門用來處理培訓中從沒教過的銷售問題——當然也沒有人告訴過業務該如何處理。

如果沒用JOLT補強會怎樣？你會繼續輸掉許多應該可以成交的案子，就算獲評為頂級供應商也不例外。不論是任何銷售方法，即使實證有效的資料再充足，但都沒有真正把客戶猶豫的影響納入考量，這些方法或許提供了擊敗現況的超強技巧，也能說服客戶採取新做法後成效會有多好，但卻忽略了一件事：克服猶豫的重點並不在於向客戶證明可以成功，而是要說服他們不會失敗。

如果要以身作則、提供指導，替下屬培養有助提升績效的技能，業務主管該怎麼做？有些人是一步步地做到主管的位子，有些人是得到拔擢，也有些人是因為善於讓客戶對改變買單而獲聘。某些主管和第一線的JOLT業務一樣，常會使用JOLT技巧，但也有許多主管和第一線的普通業務比較像，會本能性地採用傳統銷售手法，著重克服現況，利用恐懼誘使客戶購買——其中一個原因在於當今業務主管的JOLT能力不一定都很強。

銷售主管務必要瞭解JOLT技能為什麼不可或缺，並推動這套方法，請下屬落實在每天的工作中。其中一個原因在於，負責彙整銷售結果預測的，通常就是主管。他們最能在銷售初期評估客戶猶豫的程度，或觀察業務面對猶豫時的處理能力。

主管是監督業務的最後一道防線，要確認下屬有沒有把客戶的決策障礙納入考量，據此決定是要繼續花時間或直接放棄。可惜的是，許多主管常會一有時間就拿去指導最強或最差的業務，以為這麼做能帶來最大的成效提升。但事實上，最受客戶猶豫困擾、打擊的，是表現中段的業務。他們可能會開始對問題視而不見，客戶說話時也只聽自己想聽的部分，而且一旦有看似已準備好要購買的顧客上門，就會過度興奮。如果需要，銷售主管應該要負責替這些業務踩煞車，並評估他們手上的案子。

此外，第一線主管職位夠高，通常也會有權限可彈性制定降低購買風險的交易條款。主管可以運用相關技術，大規模地觀察業務行為，評估團隊成員的JOLT能力。某位成員可能特別不會判斷客戶猶豫程度，另一位可能是提供建議時比較吃力。主管必須要看出這些差異，據此調整對每個人的指導方式，才能幫助業務在下一次的談話或銷售互動中，適當落實JOLT行為。

此外也可以透過團隊會議，發想限縮買方探索或降低決策風險的新方法。團隊的組成方式可能有助加快想法交流，譬如T-Mobile就發現，把具有跨領域專業知識的員工按城市分派到不同的客戶服務團隊，讓他們處理固定的客戶，能帶來很好的成效[1]。另一方面，許多銷售團隊會定期舉行主管級的小型發想會議，請培訓人員分享相關看法與觀察。這些會議必然會有成效，能幫助團隊成員更加瞭解頂尖業務是如何善用JOLT方法，克服客戶猶豫。

結論

客戶猶豫是無可避免的問題，所以業務主管必須想辦法幫助團隊實施JOLT技巧，加強協助買方克服對於失敗的恐懼。聘請具備這些技能的新業務的確可行，但需要時間，也會有某些問題。要想顯著提升成效，其實應該著重幫助現有業務培養能力，但前提是必須破除傳統業務訓練與指導多年來的拘束，翻轉這些教誨長期深植在我們心中的本能與假設，才有可能成功。

參考文獻

作者序

1. Neil Rackham, SPIN Selling (New York: McGraw Hill, 1988).

第一章：不作為悖論

1. 我們的研究也反映多個概念綜合影響下的結果。這些概念有時會互相衝突，同時出現時，造成的結果會改變（但我們還是能將每個變數的影響獨立出來）。所以有時候，模型產生的結果表面上看起來會不太符合直覺。舉例來說，好幾個一般視為負面的因子同時出現時（譬如客戶流露出高度猶豫），卻常會因為當下情境和周遭事件的緣故，最後在模型中產生正面影響。假設潛在客戶說了很多負面的話，在完全沒有其他因素的情況下，案子當然很可能破局，但談話中往往會存在其他因子，而且經常和另一方有關（在我們的研究中，另一方就是業務）。業務如果對情況處理得當，就有機會扭轉負面情勢，開創有利的局面。
2. William Samuelson and Richard Zeckhauser, “Status Quo Bias in Decision Making,” Journal of Risk and Uncertainty 1 (1988): 7– 59.
3. Jessica Selinger et al., “Humans Can Continuously Optimize Energetic Cost During Walking,”

Current Biology 25, no. 18 (2015): 2452– 2456.
4. Daniel Kahneman and Amos Tversky, "The Psychology of Preference," Scientific American 246, no. 1 (1982): 160– 173.
5. Kahneman and Tversky, "Psychology of Preference." 展望理論是現代行為經濟學的一大基礎，康納曼在2002年更因此獲頒諾貝爾經濟學獎。如要詳細瞭解展望理論和康納曼對人類決策的研究，可參考Daniel Kahneman, Thinking Fast and Slow (New York: Farrar, Strauss & Giroux, 2013).
6. Daniel Kahneman, "Talks at Google: Thinking Fast and Slow," YouTube Video, November 10, 2011, https://www.youtube.com/watch? v=CjVQJdIrDJ0.
7. Kahneman and Tversky, "Psychology of Preference."
8. Frederick Leach and Jason Plaks, "Regret for Errors of Commission and Omission in the Distant Term Versus Near Term: The Role of Level of Abstraction," Personality and Social Psychology Bulletin 35, no. 2 (February 2009): 221– 229.
9. 如果能預測自己往後會因現在不行動而後悔，那麼當下通常能做出比較好的決定。如要詳細瞭解這個現象，可參考Daniel Pink, The Power of Regret: How Looking Backward Moves Us Forward (New York: Riverhead Books, 2022).
10. Ilana Ritov and Jonathan Baron, "Status-Quo and Omission Biases," Journal of Risk and Uncertainty 5 (1992): 49– 61.
11. Ritov and Baron, "Omission Biases."
12. Veerle Germeijs and Paul de Boeck, "Career Indecision: Three Factors from Decision

Theory," Journal of Vocational Behavior 62, no. 1 (2003): 11– 25; Gordon F. Pitz and Vincent A. Harren, "An Analysis of Career Decision Making from the Point of View of Information Processing and Decision Theory," Journal of Vocational Behavior 16, no. 3 (1980): 320– 346.

第三章・評估客戶猶豫

1. Joseph R. Ferrari, "Christmas and Procrastination: Explaining Lack of Diligence at a 'Real-World' Task Deadline," Personality and Individual Differences 14, no. 1 (1993): 25– 33; Joseph R. Ferrari and John F. Dovidio, "Examining Behavioral Processes in Indecision: Decisional Procrastination and Decision-Making Style," Journal of Research in Personality 34, no. 1 (2000): 127– 137.
2. Randy O. Frost and Deanna L. Shows, "The Nature and Measurement of Compulsive Indecisiveness," Behaviour Research and Therapy 31, no. 7 (1993): 683– 692.
3. Frost and Shows, "Compulsive Indecisiveness."
4. Brent Adamson, Matthew Dixon, and Nick Toman, "The End of Solution Sales," Harvard Business Review, July– August 2012.
5. Michel J. Dugas et al., "Intolerance of Uncertainty and Information Processing: Evidence of Biased Recall and Interpretations," Cognitive Therapy and Research 29, no. 1 (2005): 57– 70.
6. Joseph R. Ferrari and John F. Dovidio, "Behavioral Information Search by Indecisives," Personality and Individual Differences 30, no. 7 (2001): 1113– 1123.
7. Christopher Anderson, "The Psychology of Doing Nothing: Forms of Decision Avoidance

Result from Reason and Emotion," Psychological Bulletin 129, no. 1 (2003): 139– 167.
8. Anderson, "Doing Nothing."
9. Herbert A. Simon, "Rational Choice and the Structure of the Environment," Psychological Review 63, no. 2 (1956): 129– 138.
10. Shahram Heshmat, "Satisficing vs. Maximizing: When We Face Too Many Choices, We Can Feel Anxious about Missing Out," Science of Choice (blog), Psychology Today, June 13, 2015, https://www.psychology today.com/us/blog/science-choice/201506/satisficing maximizing.
11. Arne Roets, Barry Schwartz, and Yanjun Guan, "The Tyranny of Choice: A Cross-Cultural Investigation of Maximizing-Satisficing Effects on Well-Being," Judgment and Decision Making 7, no. 6 (2012): 689– 704; Barry Schwartz et al., "Maximizing Versus Satisficing: Happiness Is a Matter of Choice," Journal of Personality and Social Psychology 83, no. 5 (2002): 1178– 1197.
12. Eric Rassin, "A Psychological Theory of Indecisiveness," Netherlands Journal of Psychology 63, no. 1 (March 2007): 1– 11.
13. "Psychology of Procrastination: Why People Put Off Important Tasks Until the Last Minute (Five Questions for Joseph Ferrari, PhD)," American Psychological Association, 2010, https://www.apa.org/news/press/releases/2010/04/procrastination.
14. Joseph R. Ferrari, Still Procrastinating: The No-Regrets Guide to Getting It Done (Hoboken, NJ: Wiley, 2010); P. Steel, "The Nature of Procrastination: A Meta-Analytic and Theoretical

Review of Quintessential Self-Regulatory Failure," Psychology Bulletin 133, no. 1 (2007): 65– 94.
15. Rassin, "Indecisiveness."
16. Anderson, "Doing Nothing."
17. Anderson, "Doing Nothing."
18. Rassin, "Indecisiveness."
19. 如要深入瞭解強力要求，請參考Matthew Dixon and Brent Adamson, The Challenger Sale: Taking Control of the Customer Conversation (New York: Portfolio, 2011). 如要深入瞭解驗證客戶狀態的概念，請參考Brent Adamson, Matthew Dixon, Nick Toman, and Patrick Spenner, The Challenger Customer: Selling to the Hidden Influencer Who Can Multiply Your Results (New York: Portfolio, 2015).
20. Robert Ladouceur et al., "Experimental Manipulations of Responsibility: An Analogue Test for Models of Obsessive-Compulsive Disorder," Behavioral Research and Therapy 33, no. 8 (1995): 937– 946.

第四章‧‧提供建議

1. Barry Schwartz, "The Paradox of Choice," TEDGlobal 2005, July 2005, https://www.ted.com/talks/barry_ schwartz_ the_ paradox_ of_ choice? language=en.
2. Sheena S. Iyengar, Wei Jiang, and Gur Huberman, "How Much Choice Is Too Much? Contributions to 401(k) Retirement Plans," Pension Research Council Working Paper 200310,

Wharton School of Business at the University of Pennsylvania.

3. Iyengar, Jiang, and Huberman, "How Much Choice?" 作者說明：「這張圖表畫出了計劃（和）參與率之間的關係。除了提供的基金數量以外，解釋性變數設定在其各自的平均值，至於基金數量，則是採取二階參數預測方法來處理。圖中的虛線代表95% 信心區間。」

4. Sheena S. Iyengar and Mark R. Lepper, "When Choice Is Demotivating: Can One Desire Too Much of a Good Thing?," Journal of Personality and Social Psychology 79, no. 6 (2000): 995– 1006. 如要深入瞭解選擇多為什麼既對客戶有吸引力，又會令人不知所措，請參考Leilei Gao and Itamar Simonson, "The Positive Effect of Assortment Size on Purchase Likelihood: The Moderating Influence of Decision Order," Journal of Consumer Psychology 26, no. 4 (October 2016): 542– 549.

第五章：限縮探索範圍

1. 鮑爾在生涯中經常談論並透過著作說明領導原則。文中的引言是取自他廣為流傳的演講「A Leadership Primer」（如何做好當領袖的準備），美國國防部，2006年，可在https://www.hsdl.org/? view& did=467329取得。

2. 製造並利用有意義的壓力，是挑戰型業務的核心技能。如要深入瞭解這個概念，請參考Matthew Dixon and Brent Adamson, The Challenger Sale: Taking Control of the Customer Conversation (New York: Portfolio/Penguin, 2011).

3. Kim Scott, Radical Candor: Be a Kick-Ass Boss without Losing Your Humanity (New York:

St. Martin's Press, 2017).
4. 圖表改編自史考特的《徹底坦率》。
5. 關於豐田佐吉如何為豐田汽車開創出生產程序，市面上有非常多的著作，其中之一是 James P. Womack, Daniel T. Jones, and Daniel Roos, The Machine That Changed the World: The Story of Lean Production (New York: Free Press, 2007).
6. Kelsey Borresen, "How to Know if You're an Interrupter or a 'Cooperative Overlapper,' " HuffPost, March 4, 2021. https://www.huffpost.com/entry/interruptingorcooperative-overlapping_l_603e8ae9c5b601179ec0ff4e.
7. Borresen, " 'Cooperative Overlapper.' "
8. Annie Reneau, "A Viral Tik-Tok Video Explains Why Interrupting Others Isn't Always as Rude as It Might Seem," Upworthy, February 23, 2021, https://www.upworthy.com/cooperative-overlapping-communication-style.

第六章：消除風險

1. William Payne, A Practical Discourse of Repentance: Rectifying the Mistakes about It, Especially Such as Lead Either to Despair or Presumption. Perswading and Directing to the True Practice of It, and Demonstrating the Invalidity of a Death-Bed Repentance, 2nd ed. (London: Samuel Smith and Benjamin Walford, 1695), 557.
2. "Considering OpenOffice? Consider This . . ." (Video). Microsoft. 2010. 2018年1月8日從原始版本歸檔，2019年6月17日取得。

3. Robert Cialdini, Influence: The Psychology of Persuasion, revised ed. (New York: Harper Business, 2006). 引言取自https://www.influenceatwork.com/7principlesofpersuasion.

第七章：成為買方顧問

1. 2018年8月，美國旅行業者協會更名為「美國旅行顧問協會」（American Society of Travel Advisors，ASTA），反映出從業者的角色變化：現在他們不僅幫客戶訂票，也負責規劃行程。ASTA在宣布更名的新聞稿中表示：「旅行業者不再只是負責代訂，已經成為值得信賴的顧問了，就像財務顧問和會計師一樣，可以全面提升旅遊體驗，確保休閒及商務旅客的花費都能帶來最大效益。我們很高興看到消費者媒體認同這樣的轉變，更重要的是，旅客對於旅行業者轉型為旅遊顧問也樂見其成。」American Society of Travel Advisors, "American Society of Travel Advisors Unveils New Brand as Travel Advisors," news release, August 28, 2018, https://www.asta.org/About/PressReleaseDetail.cfm? ItemNumber=18306.

2. 如要深入瞭解頂尖業務和旅行業者的相似之處，請參考Nick Toman, Brent Adamson, and Cristina Gomez, "B2B Salespeople Need to Act More Like Travel Agents," Harvard Business Review, March 7, 2017, https://hbr.org/2017/03/b2b-salespeople-need-to-act-more-like-travel-agents.

3. Kathleen M. Eisenhardt, "Agency Theory: An Assessment and Review," Academy of Management Review 14, no. 1 (1989): 57– 74.

4. Steven D. Levitt and Stephen J. Dubner, Freakonomics: A Rogue Economist Explores the

Hidden Side of Everything (New York: William Morrow, 2005).
5. Richard H. Thaler and Cass R. Sunstein, Nudge: Improving Decisions About Health, Wealth and Happiness (New Haven: Yale University Press, 2008). 如要深入瞭解兩種思考系統，請參考 Daniel Kahneman, Thinking Fast and Slow (New York: Farrar, Strauss & Giroux, 2013).
6. James J. Choi et al., "For Better or Worse: Default Effects and 401(k) Savings Behavior," NBER Working Paper No. 8651, December 2001.

第八章：成交以外的事：用JOLT攻略建立客戶忠誠度

1. Matthew Dixon, Nick Toman, and Richard DeLisi, The Effortless Experience: Conquering the New Battleground for Customer Loyalty (New York: Portfolio 2013).
2. Eric Rassin, "A Psychological Theory of Indecisiveness," Netherlands Journal of Psychology 63, no. 1 (March 2007): 1– 11.
3. Rassin, "Indecisiveness."
4. Eric Rassin et al., "Measuring General Indecisiveness," Journal of Psychopathology and Behavioral Assessment 29, no. 1 (2007): 61– 68.
5. Randy O. Frost and Kenneth J. Sher, "Checking Behavior in a Threatening Situation," Behaviour Research and Therapy 27, no. 4 (1989): 385– 389.
6. Rassin, "Indecisiveness."

第九章：客戶猶豫造成多大損失？

1. Source: Challenger Inc.（未出版研究）
2. Matthew Dixon and Brent Adamson, "The Dirty Secret of Effective Sales Coaching," Harvard Business Review, January 31, 2011, https://hbr.org/2011/01/the-dirty-secretofeffective.
3. 以我們的經驗而言，許多智慧型對話分析平台提供的現有類別無法立即為使用者帶來價值，通常是因為這些類別建構得很粗糙，而且建置時沒有考量到要合乎不同公司與產業的需求，所以偽陰性和偽陽性的數量可能很多，導致產出資訊的可信度受質疑，最後客戶還必須進行許多調整和修正，才能得到比較準確的洞察資料。

第十一章：打造JOLT業務團隊

1. Matthew Dixon, "Reinventing Customer Service," Harvard Business Review, November 1, 2018, https://hbsp.harvard.edu/product/R1806F-PDF-ENG.

國家圖書館出版品預行編目(CIP)資料

震盪效應：戰勝客戶猶豫，快速成交！/ 馬修．迪克森(Matthew Dixon), 泰德．麥肯納(Ted McKenna)著；戴榕儀譯. -- 初版. -- 臺北市：遠流出版事業股份有限公司, 2024.11
面；　公分
譯自：The jolt effect : how high performers overcome customer indecision.
ISBN 978-626-361-570-0(平裝)

1.CST: 消費者行為 2.CST: 消費心理學 3.CST: 銷售

496.34　　113003163

震盪效應

戰勝客戶猶豫，快速成交！
The Jolt Effect:
How High Performers Overcome Customer Indecision

作　　者——馬修・迪克森 Matthew Dixon & 泰德・麥肯納 Ted McKenna
譯　　者——戴榕儀

主　　編——許玲瑋
校　　對——魏秋綢
封面設計——日暖風和
表格繪製——日暖風和
行銷協力——林庭如
排　　版——立全電腦印前排版有限公司
製　　版——中原造像股份有限公司
印　　刷——中康彩色印刷事業股份有限公司

發 行 人——王榮文
出版發行——遠流出版事業股份有限公司
地　　址——104005 台北市中山北路一段11號13樓
電　　話——（02）2571-0297
傳　　真——（02）2571-0197
著作權顧問——蕭雄淋律師
遠流博識網 http://www.ylib.com

ISBN 978-626-361-570-0
2024年11月1日初版一刷　　定價480元